雅理

不是工作赋予我们尊严，它也不能塑造我们的品性或给予我们人生的意义。是我们使工作有尊严，是我们塑造它的特性，是我们赋予它在我们生命中的意义。

凡人三部曲

THE END OF BURNOUT

WHY WORK DRAINS US AND HOW TO BUILD BETTER LIVES

又要上班了

被掏空的打工人，如何摆脱职业倦怠

[美] 乔纳森·马莱西克 著
Jonathan Malesic

康美慧 译

中国科学技术出版社

·北 京·

你不必喜欢它，

所以它才叫“工作”。

——乔治·马莱西克

目录

第二部分　反主流文化

引言

几年前，我宁愿在床上躺平几个小时，也不肯早起为我作 1
为大学教授的工作做准备。我反复观看“不要放弃”（Don’t Give Up）的视频，这是英国流行歌手彼得·盖布瑞尔（Peter Gabriel）在1986年与凯特·布什（Kate Bush）的二重唱。在视频中，两位歌手拥抱了六分钟，太阳在他们身后，渐被蚕食。盖布瑞尔对绝望和哀寂的抒情表达道出了我的心声。布什饱含深情地重复这首歌的歌名，保证这种痛苦终会过去。然而，不管我听了多少次都没有用，这些话听起来从来都不是真的。

我的第一节课在下午两点；我差点没能按时到场，也没怎么准备，一下课就马上回家。我晚上吃冰激凌，还喝高度数的麦芽啤酒——经常两个一起食用，就像雪顶冷饮（float）一样。我体重增加了三十磅。

从任何客观标准来看，我的工作都好极了。我能做我擅长的事情，并且水平高超：教授宗教学、伦理学和神学。和我一

起工作的同事，聪明又友善。我的薪资绰绰有余，福利待遇也
十分优渥。我享有很大的自主权来决定如何授课和开展研究
项目。有了终身教职，我便有了其他行业无可比拟的工作保
2 障，即使在学术界，这样的待遇也越来越少见。尽管如此，我
仍旧感到非常痛苦，并且我的工作明显就是这种痛苦的核心。
我想放弃。我已经陷入倦怠了。

当时，我以为只是我自己出了问题。为什么我会讨厌这么好的工作？但我最终意识到，职业倦怠的问题远不只是一个劳动者的绝望。美国、加拿大和其他富裕国家的居民已经以我们的工作为中心构建了整个倦怠文化。但是，倦怠不必成为我们的宿命。

之所以想写这本书，是因为我想了解为什么各行各业、数以万计的劳动者都发现自己被榨干了工作所需的全部力量，以及为什么这让他们觉得自己的人生很失败。我把倦怠定义为一种在职业现实与对工作的期待之间挣扎的体验。我认为，职业倦怠是一种在过去五十年中不断蔓延的文化现象，但其历史根源却深藏在我们的观念中，即我们工作不仅是为了赚钱，更是为了获得尊严，塑造品性和一种使命感。事实上，尽管职业倦怠备受关注，倦怠文化却依然存在，这正是因为我们珍视这些理想；我们害怕失去工作所允诺的意义。然而，在美国和其他富裕的后工业化国家，十分典型的工作条件却恰恰

阻止我们获得我们所追寻的东西。

我希望这本书能帮助我们的文化认识到，不是工作赋予我们尊严，它也不能塑造我们的品性或给予我们人生的意义。是我们使工作有尊严，是我们塑造它的特性，是我们赋予它在我们生命中的意义。一旦认识到这一点，我们就可以减少对工作的投入，改善我们的劳动条件，并尊重我们当中那些不为薪资而工作的人。齐心协力，我们就可以终结倦怠文化，以不依赖工作的方式蓬勃发展。事实上，许多人已经对工作在美好生活中扮演的角色有了另一种构想，而且他们往往在倦怠文化 3
的边缘地带这样做。这本书会向你介绍他们。

这本书紧随新冠疫情而来，疫情颠覆了世界各地的工作。在美国，全社会隔离所造成的大规模失业，彻底证明了我们怀抱的工作理想不过是一个谎言。人的尊严，它们作为人的价值，与人们的就业状况毫无关系。餐馆由于居家令被迫关闭，一个因疫情失业的女服务员的尊严并不比之前更少。在这个意义上，这次疫情也带来一个机遇，让我们与过去五十年来支配我们的工作、导致我们陷入倦怠的社会风气决裂。这是一个重塑工作、再思其在我们生命中的地位的机会。如果这次错失良机，我们就会再次落入当初创造了倦怠文化的窠臼。

就我们通常思考工作问题的方式而言，职业倦怠这个难题显得很古怪。大学终身教授也会遭遇倦怠，这一事实意味着它不只是关乎恶劣的从业条件。这并不是我们仅仅通过提高工资、福利和全面的保障就能够根除的。工作条件很重要，我也的确认为劳动者应该得到更好的待遇，但它们最多只能说明问题的一半。

职业倦怠不仅是一个劳动经济学的问题，它也是灵魂的
疾患。我们之所以陷入倦怠，在很大程度上是因为我们相信工
作是促成社会、道德和精神繁荣发展的可靠途径。工作根本无
法兑现我们想要从中获得的东西，而我们的理想与工作现实
的脱节致使我们疲惫不堪、愤世嫉俗、心灰意冷。此外，我们
个人主义的工作方式，阻拦我们谈论职业倦怠或者团结起来
改善我们的境况。当工作没有达到预期时，我们会自责。独自
4 受苦，只会加剧我们的困境。这就是为什么治愈职业倦怠的方
法必须是文化的和集体的，关键在于彼此同情与相互尊重，而
这正是我们的工作无法提供的。

不过，在我们找到解决方案之前，我们需要了解职业倦怠的体验。职业倦怠的故事缺乏内在的戏剧性。它们不像那些讲述一个伟大的发现、灾难或爱情的故事。从运转良好的普通工作者到一具被工作榨干的空洞躯壳，并没有明确的分界。可能是某一天早晨，你醒来，心想，“不是吧，又要上班”，但是它转瞬即逝，你未加留意。到那时，不管怎样都已经太晚了。你已经错失了避免倦怠的机会。你只是按照别人期望的方式

做你的工作，日复一日，你的能力将逐渐枯竭。某一刻，你意识到你几乎无法完成工作。你太累了，太愤懑了，太无能了。

我将首先讲述，这一切是如何发生在我身上的。

几乎从我遇到我的教授们开始，我就梦想成为大学教授了。我想和他们一样，读尼采和安妮·迪拉德（Annie Dillard）的奇文瑰句，在课堂上提出富有挑战性的问题。我最喜欢的一位教授教神学，他作为指导老师住在校园里。每个星期五下午，他都会向学生开放他小小的、煤渣砖砌的公寓。我是常客，坐在装有酒红色软垫的基本款家具上，喝着咖啡，和他畅聊那些令人心醉神迷的话题，比如宇宙膨胀在神学上的可能影响。他还在宿舍楼的电视放映室放电影，大多是他在我们这个年纪时看的外国片和艺术片：《与安德烈的晚餐》（*My Dinner with Andre*）、《罪与错》（*Crimes and Misdemeanors*）、《再见，孩子们》（*Au Revoir les Enfants*）。看完之后，我们都会进行一番长谈。 5
在我眼中，这个人过着美好的生活。他为知识、艺术和智慧而活，追求它们还能拿到薪水，并将它们传给求知若渴的年轻一代。好吧，至少我充满渴求。他把深夜的宿舍谈话变成了一种职业。我尽我所能，跟随他的步伐。

接下来的十年间，我做了要过这种生活所需的所有事情。我读了研究生，完成了学位论文，进入了一向竞争激烈的学术就业市场。尝试了几次后，我成功了。我得到一个全职的长聘教职，在一所小型天主教大学教神学。这是我实现梦想的机会。我和女朋友收拾了我的几十箱书和粗花呢外套，先从我读研所在的弗吉尼亚州搬到了宾夕法尼亚州的东北部，之后，她搬到加州伯克利去读研究生，追寻她自己成为大学教授的梦想。

我一边异地恋，一边全身心扑在工作上。我给学生布置阅读尼采和安妮·迪拉德的任务，在课堂上提出富有挑战性的问题。我发表文章，在学院委员会任职，在办公室工作到深夜。我决心要像我的教授们那样给人启发，而不是像那些“老古董”一样，年复一年都照着同一本泛黄的笔记讲课。我面临的最大难题是，学生对我的课程兴致索然。他们都是必须学习神学，但几乎没人愿意学习神学。所以我想出了一些教学技巧——其实就是一些花招——为了让学生比原先多花点心思去学习。这有点效果。我甚至骗来一些学生主修神学。我在课上放电影——《来自天上的声音》（*The Apostle*）、《更高境界》（*Higher Ground*）、《罪与错》——并与学生就此展开讨论。我过上了自己梦想的生活。

6 六年后，我获得了终身教职。这时，我的女朋友已经成为我的妻子，搬回了东部。她拿到了博士学位，并在马萨诸塞州的西部乡村找到了一份工作。当时我正好在度公休假，就跟着她去了一年。日复一日，我在上午写作和锻炼，下午要么在咖啡馆读书，要么骑车越过山坡上的牧场和废弃的水磨坊，四处兜兜风。我心满意足。

然而，我还是得回去工作，我和我的妻子又开始了异地生活。为了相见，我们每个月有两到三个周末要开车四个半小时。我再次全神倾注于工作。但这一次要困难得多。首先，我对这份工作已不再陌生。我不必为了申请终身教职而需要让任何人印象深刻。更重要的是，学校面临着两大危机：一是财务问题，二是资格认证。职员被解雇，工资和预算被冻结。人们开始担心入学人数：学费是否足以保障学校不至于亏损？除此之外，为了满足认证机构的要求，还有更多工作要做。每个走在校园中的人似乎都阴云笼罩，忧心忡忡。

尽管我的工作安全无虞，但这种压力也让我心烦意乱。我比以往任何时候都更努力地工作——不仅是教学和研究，还要领导委员会，主管学校的教研中心——我却感觉学校领导没给我足够的认可。我的工作也没有得到学生们的肯定，就好像他们从我这里根本学不到任何东西。我的同事们，包括我的系主任，继续称赞我的教学。但我不信；我每天在课堂上，在学生们一张张木然的脸上，亲眼见证自己有多失败——这些学生想去任何地方，就是不想坐在桌前听我讲课。

说我最需要的是被认可，我的工作对某个人来说是有意 7

义的，这感觉像在承认一个可耻的弱点，是一个特权者的伪问题。难道大家在忍受的事情不比缺少肯定糟糕得多吗？我的收入可观，我的工作有趣，还没有老板管我。为什么我不能像其他人一样闭上嘴，做我的工作？我到底有什么毛病？

我的性子越来越急躁。我开始越来越晚地返给学生们论文。备课变得愈加困难。每天晚上，当我试图回想我的教学技巧时，我就会思维停滞，大脑一片空白。我曾知道什么是好的教学，现在我已经全都忘了。“不要放弃”，我看了一遍又一遍。

我不再觉得自己在过梦想中的生活。这不是我二十年前想象的生活。我忍了两年，这期间，我的痛苦愈演愈烈，之后我请了一个学期的无薪假，回到我之前休假的乡下，与我的妻子再次生活在同一个屋檐下。我希望休息一段时间会有所帮助。春季学期我回到了宾夕法尼亚州，但是，一切都没有改变。工作一如既往，我也依然如故。实际上，接下来事情甚至变得更糟。

教室里鸦雀无声，投影仪的灯光直射入我的眼睛。我们系主任坐在角落的一张桌子前做着笔记。今天是我一年一度的教学观察日，而我的社会伦理学课上的二十名学生，全都对肯德里克·拉马尔（Kendrick Lamar）那支令人痛心的“一切安好”（Alright）的歌曲 MV 无动于衷。MV 里，留着短髭、戴着墨镜的白人警察拖着脚走在街上，像抬棺一样把一辆车扛在他们肩上；与此同时，肯德里克坐在驾驶座上，前后摇晃着身 8
体，有人从后窗探出身，倒空了一瓶酒。还有一些黑人男子，包括肯德里克本人，在街上被警察枪杀的场景。大家都默不作声，或许是因为这段视频对学生来说太新奇、太古怪、太具挑衅意味。沉默的每一秒都是精神上的折磨。

最终，前排一个勇敢、真诚的女孩举起了手。她提到，这个视频的语言和图像让她感到十分不安。我们交谈时，她的声音变得有些嘶哑。但谈话并没有什么推进。于是我向全班同学抛出更多问题：“你们有没有在视频中看到些什么，能与我们到目前为止在课堂上讨论过的东西联系起来呢？肯德里克站在电话线上，就像耶稣站在圣殿的护墙上一样，这一幕让你们想到什么？如果他是耶稣，那么用金钱和豪车引诱他的‘路西’是谁？”

沉默。所有人，一言不发。我感到肾上腺素顺着脊梁骨开始飙升。

行吧。进入课程计划的下一个环节——教皇利奥十三世（Leo XIII）在 1891 年颁发通谕，讨论工业经济中的劳动。谁能说说利奥对私有财产有什么看法？有谁发现他引用了《圣经》的哪段文字吗？学生们漠然不动。谁有问题要问吗？任何人有问题要问吗？

我有，但我没有说出口：他们脑子里连一个想法都没有吗？该死的，连一个人都没有点想法吗？肾上腺素涌上我的后脑勺，告诉我，现在是战或逃的时刻。

我是否要因为学生们不读书，而声色俱厉地斥责他们？因为他们太懒惰，甚至不愿意努努力？我是否要让他们感到羞愧，或许像一个讨人厌的老学究那样，提醒他们，现在成问题的是他们的教育，而不是我的教育？我是否要告诉他们，所有没完成阅读的人都必须离开？然后等着，重复这些话以示我是认真的，并在他们收起笔记本、穿上外套时盯着他们看。

9 还是说，我收拾东西，直接走人？这是一着险棋，纵然是我那极富同情心的系主任，也无法在她的观察报告中忽略这件事。不过，这可以摆脱困局。至少我能逃过一劫。

我紧咬着牙关，脸涨得通红。我不战，也不逃。我深呼吸，强迫自己专业点，保持镇定。我站在讲台上，居高临下地讲授阅读作业。我懒得要求学生参与。

我这辈子从未觉得自己如此愚蠢。在我十一年的教学生涯中，我从未感到这么丢脸，甚至连让这群二十多岁的年轻人对一个音乐视频发表意见，我都做不到。

谢天谢地，这节课终于结束了。学生们拉上背包的拉链，离开教室。系主任向门口走去，经过我身旁时，她说事情并不像我想象的那样糟糕。但我知道，一切都结束了。

我已然走向了我在学生时代瞥见的那种美好生活的对立面。令我艳羡的那位教授，他从来没有学究气。课堂上，他和我们围坐成一圈。我们发言时，他总是点头以示肯定；我们想尝试一些新想法却嗫嗫嚅嚅时，他会鼓励我们“再讲讲”。他是和蔼可亲的饱学之士；我是愤愤不平的教条主义者。当大学教授的梦想支撑着我读完了研究生，迈入就业市场，又一步步慢慢爬到终身教职。现在，这个梦想已经支离破碎。

一周后，我决定辞职。

在美国和其他富裕国家，职业倦怠备受热议，却鲜为人理解。我们对它的讨论并不准确，而这只会助长倦怠文化滋蔓不绝。我感觉我好像已经在商业杂志和热门网站上，读到过几十次讨论职业倦怠的雷同、无用的文章。作者经常呼吁人们注 10
意，职业倦怠如何导致劳动者失眠，逃避工作，而且更容易患心脏病、抑郁症和焦虑症。[1] 许多人指出，职场压力每年给美国人造成高达 1900 亿美元的超额医疗费用和难以估量的生产力损失。[2] 除了提供上述事实，他们还给了一些不靠谱的建议。其中一篇典型的文章建议，要避免倦怠，你应该做三件事：

> 第一，找到持续贡献的方法/想办法每天都为他人服务（serve every day）……第二，选择工作机构时，其宗旨和文化要与你契合。第三，把你的工作当成创业：做自己的主人，创造性地寻求各种方法，将你的价值、优势和热情融入工作——同时满足你对绩效的期望——这样，你就不仅获得了成功，而且实现了意义。[3]

这些建议十分可笑地脱离了实际，暴露出对职业倦怠相关心理学研究和工作现实的无知。像这样的作者，不仅把职业倦怠的全部责任都推给劳动者；他们还想当然地以为，劳动者完全可以自己决定他们能在哪儿找到工作，以及任何他们能在工作上“做主”的事情。这篇文章发表于 2008 年大萧条最严重的时期，当时美国雇主在一个月内裁员逾 50 万人。[4] 我也希望我能说这只是一个异常值，但它其实反映了公众对职业倦怠的普遍看法，认为公司和他们的管理者对其员工经受的压力不负有任何过错。[5]

大多数关于职业倦怠的文章都是枯燥乏味的老生常谈，这表明我们对这个问题的共同思考是如何陷入困境的。我们
11 一直在阅读和书写同一个故事，尽管这个故事一直在伤害我们。许多作者告诉那些已经感到疲惫不堪、无能为力的人，只要他们足够努力，就能改变他们的状况。更重要的是，这些建

议把职业倦怠全然交由个人处理，丝毫没有触及在根本上导致倦怠的、不人道的伦理和经济体系。我们的思维陷入了瓶颈，因为我们没有认识到，职业倦怠有多么深植于我们的文化价值观。或者说，是我们不敢承认它。只要这个逼着人工作到倦怠的体系有利可图，获利者就没有什么动力去改变它。在个人主义的文化中，工作是一种道德责任，确保自己处于良好的工作状态是你的责任。许多自诩工作狂的劳动者拥护这种职责，不管它造成了什么损害。我们中的许多人，悖谬地热爱倦怠文化。在内心深处，我们想要倦怠。

本书旨在摆脱五十年来我们思考职业倦怠时反复落入的窠臼。它指出，职业倦怠是一个文化问题，而非个人的问题。它追溯职业倦怠的历史，列举出使其在 1970 年代占据文化主导地位的各种潮流。它综合科学研究，将职业倦怠定义为你被迫挣扎在职业理想与工作现实的鸿沟之间的体验。它展示了这些理想是如何在最近几十年随着我们工作条件的恶化而发展起来的。之后，这本书提供了一种思考工作的新方式，它可以终结倦怠文化。它提出了一套新的理想，强调人类尊严、同情、休闲活动的重要性——它们结合在一起可以取代工作，成为我们生活的中心。本书还深入寻访了一些社群、公司和个人，他们正在抵制倦怠文化，并作为先锋，为我们其他人创造一种新的生活和工作方式。

12 关于倦怠的糟糕建议假定——我们也经常这样想——文化的制度和体系固若磐石，近乎天赐神授那样不容置疑。但是，当然不是这样。我们也曾改变过工作方式，而文化的转变往往在革新中起着重要作用。在 20 世纪初，短短几十年间，童工就从司空见惯之事变成了非法行为；同时，父母开始把孩子视作“无价之宝”，而非经济实用的劳力——无论在道德上还是情感上，他们都太过珍贵，因而不能从事危险的劳动。[6]从那时起，我们已经改变了各种规范和制度，而且速度往往很快。同性伴侣现在可以合法结婚了；跨性别者正在得到认可和接受。破旧立新，改变社会结构可能十分艰难，但显然并非不可能。毕竟，既然这些结构从一开始就是人类创建的，那么，为什么我们不能建构更好的东西？

职业倦怠是一种复杂的现象、一种内在的体验，无论我们工作还是休息，它都影响着我们的行为。其成因多种多样：或是因为我们的最高理想，或是因为我们得养家糊口；或是因为全球经济力量，或是因为我们每天要和某个讨厌的客户打交道。我试图理解职业倦怠的复杂性，为此，我阅读了大量心理学论文，以及社会学、政治学和神学著作。我采访了数十位工作者，并在新墨西哥州沙漠中一个偏远的峡谷里待了几天。我也翻出我在整个学术生涯中写的邮件和笔记，深入审视了自己的生活。这本书里有科学写作与历史，有文化分析和哲学，有亲身经历的报道和回忆录。

第一部分讲述我们在过去五十年中如何创造了倦怠文化。 13
在第一章，我调查了职业倦怠在公共对话中的地位，并发现人们对此众说纷纭却知之甚少。科学家、临床医生、营销者、雇主和职工在使用“倦怠”一词时，彼此利益相争。因此，人们甚至就其含义都没能达成什么共识。这使得倦怠成为一个文化流行语，却经常是一个空洞的能指，我们几乎可以把任何意图和想法投射、转移到这个词上。我们讨论职业倦怠时所用的语言如此不精确，不禁让人怀疑我们是否真的想解决这个问题。

职业倦怠虽是一种现代病，但在历史上它早有前身，包括怠惰、忧郁症和神经衰弱。我在第二章探讨了这段历史。和职业倦怠相似，过去这些灵魂的疾病既是骄傲也是耻辱，反映出文化上的优越地位。职业倦怠本身在 20 世纪 70 年代首次在美国引起公众注意，当时两位心理学家各自进行研究，同时描述了一种新出现的小毛病，它困扰着理想主义的工作者们，例如免费诊所志愿者、公益律师和顾问。职业倦怠出现在一个关键时刻，当时美国人的工作方式发生剧变，变得更加紧张而不稳定。

在第三章，我深入分析相关心理学研究，探究职业倦怠为什么在如此普遍的同时又形态万千。随着理想与工作现实之间的鸿沟日益加深，你更难保证自己能安然无恙。也就是说，经历倦怠的方式不止一种。职业倦怠表现为一个谱系，其中有几种不同的体验模式，我们可以称之为倦怠剖图。

从宏观上说，正是由于工作条件和社会对工作的幻想日
14 渐相去悬殊，才催生了倦怠文化。第四章讲述了自 20 世纪 70 年代以来，工作条件如何被逐渐侵蚀。外包和临时工越来越多，与此同时，服务业不断发展，对工作者的时间和情绪提出的要求越来越高，导致更多的人遭受职业压力。这些因素致使人们在工作中缺乏公平、自主、有归属感和价值感的体验。就此而言，倦怠文化是一种道德上的失败——不尊重工作者的人性。

在第五章，我研究了这条鸿沟的另一边，即我们愈加高远的工作理想。这些理想承诺：投身工作，你收获的将不只是一份薪水。你还会赢得社会尊严，涵养道德品质，实现精神追求。然而，这个承诺是虚假的。如此投入实际上导致了“全面工作”，据此，工作是人类最崇高的努力，而这损害了我们的尊严，阻碍了品德发展和精神追求。我们工作伦理的终极美德是殉道，为了这些理想而心甘情愿地耗尽全力。可是，这种牺牲的真正受益者是雇主。

第二部分讨论我们如何能创造一种新文化，让工作不再

占据我们生活的意义中心。预防和治愈职业倦怠，要求我们共同降低我们对工作的期望，并改善工作条件，使之与工作者作为人类的尊严相配。在第六章，迥然各异的思想家，包括一位教皇、一位超验主义者和一位女权主义者，指引我们限制工作对生活的影响，使之让位于我们在相互认同的集体里找到的更高目标，最终能够根据人的内在价值，重新定位工作。

在第七章，我寻访了主流之外的人，他们体现了我们根除倦怠文化所需的工作理想和条件。本笃会修道院的模式可以为我们的世俗生活提供借鉴。新墨西哥州一座与世隔绝的修
道院的修士们采取了一种激进的方法。他们每天只劳作三个 15
小时，从而有更多的时间进行公共祷告。其他本笃会团体的实践则更易于我们效仿，这包括明尼苏达州的两个修道院。为了应对尘世的需要，他们的工作时间更长，但是，他们仍然坚持尊重彼此的价值，避免把自我和工作混为一谈。

我在探索反倦怠文化的模式时，找到了第八章所述的得克萨斯州达拉斯市的一个非营利性组织，该组织旨在表彰那些不辞辛劳地与贫困做斗争的人的仁爱厚德。我也遇到了一些人，他们在工作之余，通过自己的爱好寻找身份和意义。此外，我在倾听残疾艺术家的讲述时发现，那些无法通过有偿工作找到尊严的人，在自我接纳、宗教仪式和社群中重获尊严，而且往往是在网上。无论我们的工作能力如何，我们只有通过

与所有其他潜在的倦怠者相互同情，团结一致，才能治愈倦怠文化的创伤。

在本书的结论中，我认为我们现在有机会按照更人道的理想来组织我们的工作。新冠疫情几乎改变了所有人的工作。尽管它给许多人的生活和社区造成巨大的损失，但它也带来一个新机遇，让我们重新安排工作在我们生活和文化中的地位。

关于这本书不是什么，我有几点需要事先声明。首先，它
不是一本针对个人的自助书，而是针对整个文化。抵制倦怠文
化的模范人物——这是第七章和第八章的主题——可能会激
励读者在自己的生活中做出改变。但我坚信，战胜职业倦怠必
16 然需要我们集体的努力。其次，本书的核心论点并非说，职业
倦怠是资本主义，甚或是“晚期”资本主义的直接后果。无
疑，改革我们的经济重点可以改善我们工作的一些条件，但
是，推翻资本主义（即便这是可能的）不会一劳永逸地终结
职业倦怠。资本主义本身并不会导致我们的理想与工作现实
背道而驰。不过，利润驱使雇主不断给员工施加压力，要求他
们用更少的资源生产更多的产品，加剧了员工的焦虑和压力。
最后，这本书主要讨论有偿工作中的倦怠。例如，它不包括育
儿倦怠。[7] 这并不是说养育子女不困难，也不是说它不具有

类似工作的性质。但是，目前对育儿倦怠的科学研究有限，而且养育子女和有偿工作之间存在着很大的差异。[8] 父母不用担心被解雇，也没有一个人力资源办公室能受理他们的投诉。事实上，打破倦怠文化的关键一步必然是，认识到像养育子女、教育和人际关系这样的无偿活动所具备的价值，与有偿工作完全不同。

或许，完全消除职业倦怠是不可能的。只要我们劳作，就会有痛苦。但是，我们肯定可以缓解它。职业倦怠由我们的理想与组织机构之间的矛盾引发，但它也是我们在工作中不健康的人际关系的产物。职业倦怠源于我们对他人的严苛要求，源于我们未能被给予的认可，源于我们言行不一。归根结底，倦怠是我们没能尊重彼此作为人类的尊严的结果。最终，问题不能仅仅是“我如何避免自己陷入职业倦怠?”；它必须是，“我如何预防你陷入职业倦怠?”。答案不仅在于创建更好的工作环境，还需要成为更好的人。

第一部分　倦怠文化

第一章

每个人都在倦怠，但没人知道这意味着什么

在我决定辞去大学终身教授职位后的几周里，我突然想 19
到“倦怠”（burnout）这个词也许可以解释我在职业生涯中感到的愤怒与恐惧。内心深处我仍是一名学者，于是我在即将离职的那个学期都沉浸于研究这个主题，以求理解自己的生活。克里斯蒂娜·马斯拉奇（Christina Maslach）的名字反复出现在我阅读的文献中，她是加州大学伯克利分校的心理学家。我所在的大学有一本马斯拉奇在 1982 年出版的著作，书名一针见血，就叫作《倦怠：关心的代价》（*Burnout: The Cost of Caring*）。它放在 20 世纪中叶未经翻修的图书馆地下室里，于是我把这本书借了出来。

马斯拉奇的书就像是我的职业生涯传记。它关注的是以人为对象的服务业工作者（human-service professions）：顾问、社会工作者、警察和狱警，以及像我这样的教师。她发现，那些

陷入倦怠的人往往是理想主义者。“当一个人只有理想来指引他或她的工作方向时，崇高的理想恰恰会造成问题，”她写道，“因为那样的话，无论这个人怎么努力工作，每一天都注定是失败的。”[1]

马斯拉奇意识到在工作中满足心理需求的重要性。“一个
20 人如果缺乏与朋友或家人的亲密关系，就会更加依赖客户和同事的赞赏。”[2] 我就是这样。在我工作负荷最大的时候，我的妻子远在三百多公里之外。我们都住在远离父母和兄弟姐妹的地方。我所有的朋友都是工作上的朋友；当我们聚在一起时，我们常常就工作大吐苦水。我的学生们永远无动于衷，感觉像在谴责我所重视的一切。

不过，读了马斯拉奇的作品，我觉得自己得到了真正的理解。她的文章对她和她的同事所研究的那些陷入倦怠的劳动者们饱含同情。她没有责怪我们咎由自取。她赞扬了我们的理想主义，尽管她认为我们需要更加诚实地面对自己职业现实中的困难，但她并不认为我们无法胜任，只是尚未得到充分的训练去应对职业挑战。[3] 马斯拉奇的临时合作者阿亚拉·派恩斯（Ayala Pines）和埃利奥特·阿伦森（Elliot Aronson）也同意这一点。他们发现，当人们知道自己的痛苦有一个名字时，他们会得到安慰，这并不是“他们独有的毛病”。[4] 正如马斯拉奇和迈克尔·莱特（Michael Leiter）1997 年的《倦怠的真相》

（*The Truth About Burnout*）一书中所论述的那样——我在大学任教的最后几周里，对这本书进行了大量标注和注释——职业倦怠是由制度而非个人造成的。“职业倦怠不是人们自身的问题，而是人们工作的社会环境的问题。”他们写道，“当工作场所不承认工作中人性化的一面时，职业倦怠的风险就会增加，随之而来的是高昂的代价。”[5]

个人不应该为倦怠负责，却一定会受到其负面影响。马斯拉奇认为职业倦怠有三个维度：耗竭、愤世嫉俗（有时称作去人格化）以及无效能感或成就感下降。[6] 当你总是精疲力竭（耗竭），当你把你的客户或学生视作问题而不是你应该帮 21
助的人（愤世嫉俗），当你觉得你的工作一事无成（无效能感），你就陷入了倦怠。我对这一切感同身受。我醒来就疲惫不堪，害怕接下来的工作。我努力克制自己对学生和行政人员的愤懑之情，他们似乎对一切都漠不关心。我认为我的努力和才能徒劳无用。学生们就是不愿意学习。我的职业生涯到头来是一场空。

借用文学评论家劳伦·贝兰特（Lauren Berlant）的术语，我的倦怠体验带有一种深深的讽刺，一种“残酷的乐观主义”。残酷的乐观主义是指“你所追求的事物恰恰阻碍你获得它们，让你无法实现最初的目标”。[7] 在我的职业生涯中，我一直在追求有价值的目标——学习研究，教导他人，为学者共同体做出贡献——但是追求本身让我筋疲力尽，使我愤世嫉俗，令我深陷绝望。如此一来，它渐渐摧毁了我实现这些目标的能力。

随着我不断阅读相关的文章，我现在觉得这就是我自己的处境。我跟着一篇论文的脚注去读下一篇，再下一篇，再下一篇。大多数文章都提到了“马斯拉奇倦怠量表”，这是一个由克里斯蒂娜·马斯拉奇开发的心理测试，现已成为倦怠研究的标准。我决定参加这个专门为教育工作者编写的测试版本。测试费用为 15 美元，在线完成需要 5 分钟——花费很少就能科学地确认我是否真的陷入倦怠。这个测试有 22 个问题，要求说出我对工作和学生的各种感受有多频繁，从“我在工作中感到情绪枯竭”（衡量耗竭）到“我真的不在乎一些学生会怎么样”（衡量去人格化或愤世嫉俗）和“我与学生密切合作之后感到振奋不已”（衡量个人成就感或效能感）。我诚实
22 地回答了这些问题，却也担心如果我“不合格”，如果测试说我并未陷入倦怠，那么我就不得不继续寻找造成我的事业脱轨并近乎毁掉我的生活的罪魁祸首。

我高分通过了测试。我在耗竭方面的得分为 98%，个人成就感的得分则是 17%。这意味着我是参加过马斯拉奇倦怠量表测试的人中，情绪最为枯竭的教育工作者之一，而且我觉得自己的工作效率比 6 位参试者中的其他 5 位都低（个人成就

感的评分标准是反向的；你的分数越低，你的无效能感就越强）。出乎我意料的是，我在去人格化方面的得分只到44%，略低于平均水平，不过这在一些研究者看来仍是高分。但是——在愤世嫉俗方面低于平均值？我一直在深夜给全系写长篇大论的愤怒邮件；那真正愤世嫉俗的人在做什么？无论如何，我在“耗竭”这个关键维度上得分很高。作为一个以标准化测试为乐的人，我感到很自豪，就像我拿到GRE成绩进入研究生院时那样。

无论是我所读到的研究，还是存在一个针对职业倦怠三个维度的测试的事实本身，都意味着我并不是一个人。但是，有多少劳动者也陷入了倦怠呢？他们又有怎样的经历？是和我一样吗，还是有所不同？这些问题可能比你想的要更难回答。但是，它们直接导致了我们的文化对于倦怠的矛盾感受。

职业倦怠无疑是公众讨论的重要话题。根据你在热门网站、杂志和行业出版物上所能读到的信息，每种职业都容易遭
受倦怠。在写这本书的时候，我每天都会收到一封邮件，通知 23
我网上又有关于职业倦怠的文章发表了。每条信息都包括数十个链接。仅仅一天，就有内科医生、护士、教师、家长、牙医、警察、气候活动家、校园安全员、律师、神经介入医生、安全机密人员、网球运动员、研究生、图书管理员、音乐家、

自由职业者、志愿者乃至喜剧演员戴夫·查普尔（Dave Chappelle）陷入倦怠的故事。

许多头条新闻声称，倦怠在这些职业中尤为普遍。例如，一篇关于神经介入医生——为中风和其他血管堵塞疾病做手术的医生——的文章说，该专业56%的医生符合倦怠的标准。[8] 一个研究团队声称，28%的普通工作者会陷入倦怠，44%的内科医生也是如此。[9] 另一个研究则表示，23%的工作者都深感倦怠。[10] 继续读下去，你会发现一些让人难以置信的数字。根据一项调查，“77%的受访者说他们在当前工作中经历过工作倦怠，超过一半的人在举例时提到这样的情况不止一次发生”。[11] 另一项调查令人瞠目结舌，他们声称，有96%的千禧一代*遭受工作倦怠的影响。[12]

单独来看，每个头条新闻都讲述了一个简单却骇人的故事：相当多的工作者都出现过这种状况。倦怠以某种方式内在于他们的工作，却损害着他们的工作能力。这些文章常常把职业倦怠表达为一种清晰明确的状态，就像患上链球菌咽喉炎一样。一个典型的标题就是：“最新报告惊人发现！79%的初级保健护理医生陷入倦怠”。[13] 精确的百分比似乎在说，健康的工作者与不健康的工作者之间泾渭分明。你在工作时，就像

* 千禧一代（Millennials）指出生在20世纪80年代或90年代的人，是成长于互联网时代和全球化背景下的第一代人。——译者注

一个灯泡：要么仍在发光发热，要么已经烧坏熄灭了。两者之间不存在任何中间地带。如果你已陷入倦怠，那就只能拖着疲惫的身躯熬过每天的工作。你是工作的行尸走肉。 24

不过，综合起来看，这些文章透露出更加复杂、没那么言之凿凿的信息。诚然，职业倦怠广泛存在，但在阐述这一观点时，人们征引的数据并不相容。不可能说近乎全体千禧一代都精疲力竭，却只有四分之一的工作者陷入倦怠；因为在这些调查发布时，千禧一代占全部工作者的三分之一以上。[14] 而且，一些更年长的工作者肯定也感到倦怠。

从这些数据可以看出，其研究者对职业倦怠的界定截然不同。这些研究谈论的根本不是同一件事，一些职业倦怠的研究者自己也承认这个问题。[15] 很少有研究以“马斯拉奇倦怠量表”的全套 22 个问题为依据。即使研究者使用这个量表，他们的应用方式也大相径庭。一项元分析发现，在 156 项运用马斯拉奇倦怠量表来调查医生倦怠状况的研究中，有 47 个对倦怠的不同定义和至少 20 多个关于情绪耗竭、愤世嫉俗以及无效能感的定义。难怪这些研究得出的结果如此迥异，有的说 0%的医生陷入倦怠，有的却说这一比例高达 80%。[16] 这就好像每个人都在尽力建一座房子，却没人能够就如何测量板材达成一致，即便如此我们还是继续切割、敲打。

此外，马斯拉奇倦怠量表分级测量耗竭、愤世嫉俗和无效能感，然而许多研究却为倦怠设定了一个明确的门槛。低于这个阈值，你就没有陷入倦怠；高于它，你就有了。就像是有一盏能调光的灯，如果它低于任意某个亮度，尽管它依然照亮了
25 房间，你却说它没有真的“开”灯。倦怠研究的最大问题在于，许多研究依赖的是普通人对倦怠的主观定义。如果调查员问我们：“你是否感到倦怠？”我以为倦怠指完全无法再工作，你却认为它只意味着在星期六下午需要小睡一下，那么我们的回答意指着全然不同的事情，但我们两个对倦怠的定义都会被录入数据。如果这些研究的受访者和设计者都没有就倦怠的含义达成一致，那么所有这些数据，据说是在衡量同一件事，实际上只是在把风马牛不相及的事物相提并论。

例如，妙佑医疗国际（Mayo Clinic）的一项研究比较了内科医生和一般职工的倦怠率。如果一个人回答说，“工作让我感到倦怠”这个描述每个月至少有好几次都适用于他，或者，如果每个月有一次或更多次，“自从我做这份工作以来，我变得对人更加漠不关心”的描述符合他的状况，那么这个人就被归类为“陷入倦怠”。[17] 一个人无需对这两个问题都做肯定回答，就可以算作有职业倦怠症状。这两个问题显然比马斯拉奇倦怠量表的22个问题更容易问。事实上，对这两个问题的回答与马斯拉奇倦怠量表全套问题中的情绪耗竭、去人格化维度密切相关。[18] 但是，妙佑医疗国际的研究完全没有考虑

到第三个维度，即个人成就感（或其反面，即无效能感）。并且，第一个问题——对情感耗竭的衡量——诱导受访者凭靠他们个人对“倦怠”的定义来作答。

可以肯定的是，如果像妙佑医疗国际发现的那样，30%到40%的医生经常感到精疲力竭或对病人进行去人格化处理——也就是说，不把他们当作整全的人来对待，这将是一个重大的社会问题。但这并不等于说，众多医生几乎无法履行他们的日常工作职责。也不是说，他们需要谈话治疗或药物治疗。麻烦 26
在于，没有对职业倦怠的清晰定义，我们就不知道这些数字表示医疗行业中的倦怠危机到底有多严重。类似地，一项通过亚马逊公司的土耳其机器人（Mechanical Turk）平台进行的调查声称，几乎所有千禧一代都感到倦怠。这项调查可能指出了一个普遍的问题，但前提是研究者使用了可靠的手段来得到结论。该调查问参与者：“你认为倦怠或精神耗竭会影响你的日常生活吗？”这个问题宽泛得离谱，而且错误地假设人们就职业倦怠是什么已经达成共识。这样的结果毫无意义。我们不会仅凭一个人对“你是否曾经感到沮丧”这样一个问题做出了肯定回答，就在临床上诊断他为抑郁症。然而，营销者、民意调查员，甚至一些学术研究者恰恰就是通过这种方式，试图证明职业倦怠是一种在全社会蔓延的流行病。

让倦怠的定义难题变得更加复杂的是，就像任何广为人知的疾病一样，职业倦怠有潜力成为一桩大生意。营销者把倦怠炒作成世界卫生组织认定的一种职业病，实际依赖的却是对它的主观定义。他们给众多宽泛而含混的经验罩上这件科学的体面外衣，借此创造出一种倦怠遍布的紧急状态，以及由亟须治疗的人构成的整个市场——从健康养生法到精心策划的“内容”。

例如，媒体集团梅瑞狄斯公司（Meredith Corporation）在2019年与哈里斯民意调查公司（Harris Polling Company）联合发布了一项名为“倦怠爆发”的调查。19%的女性受访者声称，
27 她们比五年前更加倦怠。这听上去是一个重大问题，但与那些说自己比过去更“有压力”（36%）或更“累”（33%）的人相比，[19] 这个比例要小得多。即便如此，“倦怠”——而不是“劳累”——仍然跻身头条。“劳累”不畅销。“倦怠”——那可是文化现象，是时代思潮，所以它一定就是我们面临的问题。

这个问题也给了任何声称有解决方案的人以可乘之机。梅瑞狄斯报告声称，“女性比以往任何时候都更希望品牌成为她们对抗倦怠（而非加剧倦怠）的盟友”[20]。不用说，梅瑞狄斯的“内容工作室”提供的服务就是帮助品牌成为女性想要的盟友。沿着同样的思路，咨询公司德勤（Deloitte）在其2018年的职场倦怠调查中发现，绝大多数工作者都经历过倦

怠，并且“雇主在设计福利项目以帮助员工排解职场压力时，可能并未达成预期效果”[21]。但好消息是：德勤的人力资本咨询服务可以提供相关帮助。

职业倦怠是一个有争议的术语，而链球菌咽喉炎不是。这一事实揭示出关于倦怠文化的一个重要信息：该定义牵涉不同人的利益。工作者、雇主、研究者、营销者和临床医生都希望这个词能起到不同的作用，无论是验证他们的经验（像我一样），还是找出公司要剔除的累赘，或者开创一个新的治疗领域。职业倦怠这个词对我们如此重要，然而我们无法确定它的定义。在这种情况下，耸人听闻的研究结果并不仅仅在报道事实；它们还邀请读者声称他们也感到倦怠。如果你读到，有很多像你一样的人——职业、性别、年龄段都和你一样——正 28
在遭受倦怠，那么，为了融入，你是不是得说你也一样？这就是倦怠文化的悖谬之处。职业倦怠明明是一种负面状态，许多工作者却都想宣称自己陷入了倦怠。

你在对千禧一代职业倦怠的公开讨论中就能看到这个悖论。2019 年年初，记者安妮·海伦·彼得森（Anne Helen Petersen）在巴斯菲德新闻（BuzzFeed News）上发表了一篇关于职业倦怠的文章，用以解释为什么当时二三十岁的千禧一代似乎连一些普通工作都无法完成，包括像选民登记这样重要的事情。这并不是因为他们懒惰。在彼得森看来，千禧一代一生都承受着巨大压力，他们深陷学生贷款的沉重债务，身处一个风雨飘摇的就业市场，这导致他们都筋疲力尽了，还在拼命忙活。彼得森认为，倦怠“不是一种短暂的痛苦：这是千禧一代的生存处境。这是我们的基准温度。这是我们的背景音乐。目前的状况就是这样。这是我们的生活”[22]。

彼得森的文章轰动一时，阅读量达数百万次，并得到电台节目和播客的广泛讨论。在文章发表后的几天里，我热切关注着社交媒体上的对话，因为这个位于我个人生活和职业生涯交汇处的话题突然得到了应有的关注。我怀疑这篇文章之所以如此受欢迎，是因为它赋予读者们的共同经验以名字，以及随之而来的合法性。它告诉千禧一代和其他人，他们所经历的事情其实是一个普遍问题，而不是他们个人的错。这就是为什么在我学术生涯的最后几周，马斯拉奇对职业倦怠的定义能引起我如此强烈的共鸣。我知道，我并不是一个人。

这篇文章之所以受欢迎，也可能是因为它不只是命名了
29 一种经验；它提高了那些有过这种经历的人的地位。它为他们无法正常工作做出辩护，认为这是他们追求工作理想而付出的代价。这让他们能在美国工作文化的道德体系中获得一席之地。彼得森将职业倦怠定义为比筋疲力尽更严重的境况。“筋疲力尽意味着你累到不能再前进一步；倦怠则是你到了这种境地，还逼迫自己继续走下去，无论是几天、几周还是几

年。”[23] 根据这个定义，倦怠并不是生产力的衰竭，而是尽管缺乏生产所需的力量，却继续保持生产力。在这个意义上，陷入倦怠的工作者称得上是英雄。可以肯定的是，彼得森强调，尽管她的精力日渐枯竭，她仍在辛勤而高效地工作：“我在写作这篇文章的时候，同时在安排搬家，计划旅行，取药，遛狗，努力锻炼身体，做晚饭，尝试在 Slack 上参加工作会谈，在社交媒体上发照片，读新闻……我在一台由待办事项构成的跑步机上：破事一件接着一件。”[24]

不过，就彼得森在文章中所言，她一直在完成工作，也没有对自己的工作流露出任何怀疑。当然，据她所言，其他的事情就都半途而废了。她把这种感觉称作“庶务瘫痪”，也就是连与朋友通信或和医生预约时间这样的小事，都让人望而却步，甚至不敢尝试。然而，并不只是工作压力大的人才有庶务瘫痪，它无处不在。我不再感到倦怠了，可我还是把和医生的预约一拖再拖。我发觉自己很难抽出时间给我关心的人发邮件。庶务瘫痪是日常生活的一个特征。

我毫不怀疑，彼得森在工作中感受到了巨大的压力。我确信，要是我像她一样跟踪报道得州各地的参议员竞选活动，然后在接手新项目的同时还搬了家，我也会这样。可是彼得森看
起来这么有效率，这引出了一个重要问题：如果你仍然在出色 30
地完成工作，这算不算倦怠？

彼得森的文章引起了一些回应，这些回应尽管肯定了年轻一代遭遇职业倦怠的范围之广与程度之深，却也对她的部分论点提出了质疑。它们的焦点集中在职业倦怠和种族之间的关系。[25] 具体说来，这些作者认为，彼得森的论点根植于白人的特权地位，而有色人种的倦怠体验严重得多。在一篇题为《这就是黑人遭受倦怠的感觉》的文章中，诗人兼学者蒂亚娜·克拉克（Tiana Clark）写道，对非裔美国人来说，倦怠并不是什么新鲜事，他们已经忍受了"一连串继承而来的创伤，或者我应该说是继承性倦怠？我想到的是奴隶船、分成制，学校到监狱的传送管、精神持续崩溃的状态"。彼得森称倦怠是千禧一代的"基准温度"，而克拉克说，"无论什么运动或在哪个时代，倦怠一直是这个国家的黑人数百年来的稳定状态"[26]。

克拉克对自己生活的描述，包括"没电的黑色电池"，听起来确实像一个人努力工作，以求能跟上自己的野心，同时满足其他人（可能是种族主义者）对她的期望。她写道，在一天的教学工作结束后，她心力交瘁。她写到，与她的白人同事相比，她要承受更沉重的委员会工作。她列举了自己的劳动成本，主要由她的身体承担。"我晚上磨牙。我失眠。我不再锻炼身体。我一边工作，一边头怦怦地抽痛。我患上了多囊卵巢综合征。我停止了治疗。我跟不上了。我不再与朋友联系。"[27]

但是，像彼得森一样，克拉克听起来并没有力竭到无法完成工作。她听起来并不怀疑她的工作，显然也不像是失去了成就感。相反，她听起来完全有理由为她事业上的巨大成就而自豪：拿到了诗歌领域罕见的终身职位，写了几本诗集，获得了数个奖项并受邀发表演讲。和彼得森的情况一样，我无法全然知晓克拉克的主观体验。我必须相信她的话。我了解到的是，她的精力虽已枯竭，但她还是完成了任务。 31

事实上，即使当她写到自己倦怠的时候，克拉克也为自己如此被需要而感到自豪。她一直感觉自己的工作“既是冲刺，又是马拉松。为什么？因为，Jay-Z 说得最好：我是大忙人，宝贝！”[28] 彼得森和克拉克的自述告诉我，当你说自己陷入倦怠时，你不是仅仅在承认失败。你还在宣称要实现美国人的理想，要坚持不懈地工作。

定义职业倦怠时所有的前后矛盾之处和主观性，以及职业倦怠在一种痴迷工作的文化中潜在象征着地位和美德的事实，不禁让人怀疑，职业倦怠是否是一种真实存在的状况。职业倦怠在大多数国家没有临床上的定义，这意味着它的医学地位就像说自己是一位艺术家或芝加哥小熊队球迷一样。你说自己陷入倦怠了，那你就是陷入倦怠了。但是，我们应该信任那些无法证实的说法，包括我自己的说法吗？

因为关于如何定义倦怠几乎没有什么共识，一些批评者指责倦怠研究只是在黑暗中盲目地摸索。临床心理学家琳达·V. 海涅曼（Linda V. Heinemann）和社会学家托斯滕·海涅曼（Torsten Heinemann）怀疑，职业倦怠的所有研究者是否“真的在探究同一个现象”〔29〕。甚至一些研究者也警告过该术语的过度使用和不精确。1988 年，阿亚拉·派恩斯（Ayala Pines）
32 和埃利奥特·阿伦森（Elliot Aronson）注意到，在过去的几年里，“‘倦怠’这个词已然变得极其流行——或许太流行了；它被如此宽泛地使用，几乎变得毫无意义”。他们提醒说，倦怠“不是工作压力、疲倦、异化感或抑郁的同义词。宽泛地使用这个术语，是在削弱它的功用”〔30〕。

在文化上，职业倦怠综合征不断扩展，以配合我们套在它身上的宽泛措辞。海涅曼夫妇认为，倦怠的定义不精确，使它得以成为“一种掩饰性的诊断，让人们可以请病假而不被污名化为有精神疾病，并有机会顺利重返工作岗位”。在德国尤其如此。2010 年代，职业倦怠作为一种“大众病”，一种全社会流行的疾病，在德国大众媒体上得到广泛讨论。〔31〕在这十年间的早些时候，德国各大杂志和报纸刊登了数百篇职业倦怠的相关文章，大多侧重于报道某位名人或职业运动员承认自己陷入倦怠。〔32〕海涅曼夫妇称，随着职业倦怠吸引了更多公众关注，记者们将其描述为一个日益严重的社会问题，任何一个怀有雄心壮志的工作者都可能遭到倦怠侵袭。更严格的定义可能会限制叙述范围。于是，职业倦怠成为许多与工作有关的不适感的“总术语”。[33] 2011 年德国的一篇论文将职业倦怠称为“一种时髦的诊断”，因此亟须一个更清晰的定义。[34] 另一篇论文指出，从 2001 年至 2011 年，德国人把抑郁症发作硬说成“职业倦怠”的倾向性显著加强。[35] 德国精神病学家乌尔里希·赫格尔（Ulrich Hegerl）甚至警告说，过度关注职业倦怠可能是致命的。“讨论职业倦怠完全无济于事，”他在 2011 年告诉《明镜》（*Der Spiegel*）杂志，“因为它既可以指日常的疲惫，也指严重的、威胁生命的抑郁症发作。倦怠的概念终会大大弱化抑郁症的严重性。”[36]

持怀疑态度的人也许可以有理有据地说，由于对倦怠的 33
主观声明如此普遍却又在临床上毫无意义，所以可以公正地推断，许多人跟民意调查员和记者说自己已经深陷倦怠，但他们在马斯拉奇倦怠量表上耗竭、愤世嫉俗和无效能感的得分可能并不高。在一个过度看重工作的社会里，声称自己倦怠反而能够获得地位，因为这表明你孜孜不倦地投身于工作。这样说不花费任何成本。如果许多自称倦怠的人并不“真的”患有这些症状，那么可能根本没有倦怠的大流行。

对职业倦怠的怀疑几乎和马斯拉奇在 20 世纪 70 年代的开拓性研究一样古老。1981 年，在一篇题为《几乎每个人都倦怠》（“The Burnout of Almost Everyone”）的文章中，《时代》（*Time*）

杂志的专栏作家兰斯·莫罗（Lance Morrow）将倦怠纳入文化战争，用于批评自“唯我的十年”* 延续下来的肤浅的自恋主义。莫罗写到，倦怠已经“成为一种跟风，被不加分析地滥用，是一种心理呓语，它就是慢跑在精神上的等价物，无处不在”。在他看来，人们普遍声称自己陷入倦怠，是国民心灵变得软弱的证据。他写道：“‘重压之下从容不迫’（grace under pressure）的时代在60年代初就消失了。在80年代，太多人变得有点过于容易受挫了。”[37]

精神病学家理查德·弗里德曼（Richard Friedman）在2019年的《纽约时报》上提出了类似论点。此前，世界卫生组织决定将倦怠归为“职业现象”，不过它本身并不是一种医学症状。弗里德曼批评工作场所用于识别谁“有倦怠风险”的诊断测试过于宽泛。他写道，“如果几乎每个人都为职业倦怠所苦，那其实就没有人陷入倦怠，这个概念的可信度也就荡然无存”。弗里德曼根据自己给整整一届医学生提供心理咨询的经
34 验，认为许多工作者将普通的、正常的压力误解为一种使人身心衰竭的状况。他由此得出结论：“将日常的压力和不安当作

---

* 汤姆·沃尔夫（Tom Wolfe）在其1976年发表的文章《唯我的十年和第三次大觉醒》（“The Me Decade and the Third Great Awakening”）中创造了这个词。该词描述了20世纪70年代的美国人普遍持有的一种新态度：信奉原子化的个人主义，离社群主义越来越远。这与美国在20世纪60年代盛行的社会价值观形成鲜明对比。——译者注

倦怠进行医疗化处理”是错误的。[38]

如果我们对职业倦怠有可靠、公认的衡量标准，那么说自己陷入倦怠的人肯定比实际上要多。但弗里德曼的质疑并没有起到他原本设想的作用。事实上，他为与之完全相反的观点提供了一个很好的案例。如果问题是职业倦怠的过度诊断，而其原因在于缺乏诊断倦怠的标准，那么我们恰恰可以通过建立标准——换句话说，把它医疗化——来解决这个问题。一份精确的倦怠诊断清单肯定会排除掉很多人，但它也不会遗漏那些没有意识到自己正在被工作消磨的人。即使我们发现在临床上只有少数人陷入了倦怠，我们也可以调动整套医疗设施——包括开处方、提供保险和残障保险——来帮助他们。对职业倦怠进行更有限的定义，也可以解决乌尔里希·赫格尔的担忧，即倦怠的泛滥会让抑郁症看起来无足轻重。如果临床医生能够区分这两种失常（disorders），那么他们就可以更好地识别哪些人的病情超出了工作领域的特定不适，属于抑郁症遍及各方面的痛苦。

职业倦怠的宽泛定义也使评论家们能够把所有人都诊断成这种综合征，再将任何一个社会或政治方案当作解药，与之联系起来。每当这时，职业倦怠就仅仅变成“社会的问题”。倦怠是种族主义、父权制度或资本主义的恶果吗？宣称一个群体——母亲、所有女性、非裔美国人、千禧一代——陷入倦

35 怠，是否只是等于说，这个群体处于不利地位？蒂亚娜·克拉克写了美国黑人从被奴役至吉姆·克劳法及其以后的“继承性倦怠”，但是对于这种规模的系统性压迫和暴力，倦怠似乎是一个太过温和的术语。在谈论历史上的不公正时，“倦怠”这个词合适吗？或者，往小了说，我们是否把倦怠作为一个占位概念，用以描述社会边缘化对个人的影响？若是如此，我们又如何解释这一事实，即医生或大学教授，总的来说并没有受到压迫，却呈现出这么高的倦怠率呢？

试图理解这个含糊的术语，只会招致更多问题。有一件事我们似乎可以确定，那就是我们整个社会由倦怠者组成，不管它意味着什么。

我对职业倦怠这个词的态度，就跟对我们的文化一样矛盾。我确信，职业倦怠真实存在。我经历过，并且我所经历的，相比我忙完一周后通常会感到的疲惫，或者学期结束时拼命改卷子的力困筋乏，有过之而无不及。休息并不能治愈我因为学生明显不能从我这里学到东西而产生的深刻的绝望感。甚至两次长时间离开工作岗位——长达一年的带薪公休假，以及之后一个学期的无薪休假——也只是暂时平息了我的倦怠感。在重返工作的几周内，我就又感到心力交瘁、愤怒和痛苦。我的倦怠感故态复萌。

我也相当肯定，我所经历的不是抑郁症。我相识了几个月
的心理治疗师说，在业界，不会有人在临床上把我诊断为抑郁
症。我的医生则诊断我为伴随抑郁情绪的适应障碍，并开了一 36
种选择性血清素再摄取抑制剂。药物治疗似乎减少了我的愤
怒发作，但总体上并没有什么明显好转。我在休无薪假之前就
停了药。只有在我永远离开大学后，我的状况才开始改善。不
管这种状况究竟是什么，它都与我的工作紧密相关。

虽然我知道职业倦怠是真实存在的，但我和怀疑者一样，担心我们过于随意地使用这个词，太容易把自己诊断为这种病。每当我读到一些新出现的毛病，例如伴娘倦怠、火人节倦怠（Burning Man burnout）或者——我的天哪——刷剧倦怠（TV-show-binge-watching burnout）时，我认为我们把定义扩展得太过空泛。[39] 如果一切都是倦怠，那么倦怠就什么都不是。矛盾的是，当我们为了证明倦怠的重要性，竭力表明它无处不在时，最后反倒使它变得不可见，因为它消散在我们日常生活的磕磕绊绊中。

对职业倦怠的讨论本身就是一种现象，这一事实表明职业倦怠不仅是一个心理问题，而且是一个文化问题。为了理解这种文化，我们需要了解它的历史，包括职业倦怠作为备受关注的话题出现，如何反映出经济的变化和我们对美好生活的构想。这就是我们接下来要研究的问题。

第二章
倦怠：两千年的历史循环

37 回顾我的学术生涯，我意识到，随着工作带来的痛苦不断增加，我的身体也在发出信号，警告我有不对劲的地方。在某年一月开课前的一周，我开始感到身体有一种尖锐的、间歇性的疼痛，就像有人在快速戳刺我的肋间。我晚上会清醒着躺在床上，一边提防下一次发作，一边又希望它别再疼了。这种疼痛最常出现在左半边身体，让我很担心是自己的心脏出了问题。人们说，你要是有胸痛（这算胸痛吗?），就应该去医院。于是我去了。心电图和胸部 X 光检查都显示没有任何异常。医生说疼痛的原因可能是压力或“病毒综合征”——换句话说，就是现代生活中常见的一些难以识别的、大多无法治愈的病源。这个诊断难以令人满意。我跟一位研究维多利亚时期英国史的朋友抱怨；她开玩笑说，医生可能也会像 19 世纪的医生那样，把我的病情归因于瘴气。她推测，也许我之前路过了一个墓地。

医学知识更新得很快，因此健康和疾病的界限经常是不稳定的。涉及心理问题时更是如此，它们存在于心灵的幽暗迷
宫中。骨折就是骨折，但（举例来说）我们对焦虑的看法， 38
在过去的一个世纪里已经发生了巨大的变化。很多精神疾病，如精神错乱或癔症，都不再被认可，而且这一清单越来越长。

我们想要信任专业医生客观、永恒的知识，但他们的诊断既是科学事实，也是文化事实。不仅身体或心灵会生病，社会也会生病，而且其病症反映出我们对自己和社会的期望。不能满足这些期望就是一种失常。也就是说，某个东西——无论是膝关节僵硬、胃酸倒流，还是一个不受欢迎的想法——不在我们认为它该在的位置上，那就是不正常。此外，由于我们认为的“常规”会随着时间的推移而改变，我们所认为的失常也会改变。这意味着，同一件事，在一种文化看来是疾病，换在其他地方则被视作完全正常的状况。例如，同性恋在不同时期曾是一种罪恶、违法行为、精神疾病，而今在一些文化中则是一种取向。与之相似，短短几十年，酒瘾就从道德上的软弱变成了一种身体上的疾病。

当今对职业倦怠的种种讨论表明，它的定义尚存争议。就此而言，它是典型的纵贯历史的疲惫感失常。职业倦怠看起来非常符合我们这个时代，但我们并非第一批长期感到精力透

支且无力履行职责的人。“疲惫并不仅仅与我们个人的内心生活和身体健康复杂而紧密地相关，”安娜·卡塔琳娜·沙夫纳（Anna Katharina Schaffner）在她于2016年出版的《疲惫的历史》（*Exhaustion: A History*）中写道，“还与更广泛的社会发展有关，尤其与整个文化对工作和休息的态度息息相关。”[1] 全人类都感到疲惫不堪，但每个时代似乎都有自己的疲惫方式。而我想
39 探究，在过度活跃、痴迷于工作的21世纪，职业倦怠如何成为我们特有的疲惫方式。但是，倦怠文化的根源还要追溯到过去。

“虚空的虚空，凡事都是虚空。人们在日光下辛勤劳作，又能从这一切劳碌中得到什么呢？”[2] 这句关于工作无用的抱怨出自《传道书》，大约成书于公元前300年。书中的说话者仅被称为传道者（Qoheleth，希伯来语中的“教师”），他抱怨说，生命的短暂使一切工作都变得毫无意义，不过是“捕风”而已。[3] 传道者是生活中各种美好事物的鉴赏家，例如美食、好酒、性、艺术和学问之乐，但他绝望地发现，这些东西都敌不过死亡。更糟糕的是，就算工作做得好也经常会被毁掉。“智慧胜过打仗的兵器，”他说，“但一个糊涂蛋就能败坏许多善事。”[4] 鉴于这一可悲的事实，传道者告诫终有一死的读者们要活在当下，包括其劳作。“凡你手所当做的事，要尽力去

做，因为在你所必去的阴间，没有工作，没有谋算，没有知识，也没有智慧。”[5]

传道者听起来很忧郁，饱受希波克拉底医学的四种体液之一黑胆汁过剩的折磨。他疲惫又悲观，甚至与自己的生活保持着一种反思的距离。忧郁（melancholia）起源于公元前 4 世纪的希腊哲学，从那时起它就一直与“不同寻常、艺术倾向和‘脑力劳动’”有关，沙夫纳写道。[6] 像职业倦怠一样，忧郁可能也是一种荣誉的象征，尽管不是因为患者的辛勤工
作。根据亚里士多德的说法，有用的劳作不如纯粹的思考可 40
敬。[7] 忧郁是那些对精神生活有着崇高追求的人难以规避的危险。

几个世纪后，基督教的脑力劳动者与一种不同的疲惫感失常做斗争，因为他们面临的问题不是我们的生命转瞬即逝，反倒是看起来无休无止的时间。最早的修道士将之命名为“怠惰”（acedia，希腊语意指“漠不关心”），是在埃及北部沙漠的洞穴中困扰他们的八个“恶念”之一。他们还称之为“正午恶魔”，因为它在正午时分来访，那时日头正高，距离晚餐还有好几个小时。公元 4 世纪晚期，修道士埃弗格里乌斯·庞提克斯（Evagrius Ponticus）写道，这个恶魔“让人觉得太阳几乎一动不动，就算动了，一天也有 50 个小时那样长”。它让修道士焦躁不安，四处寻找可以交谈的人。接下来，恶魔

“逐渐往修道士的心中灌输对这个地方的憎恨，对其生命本身的憎恨，对体力劳动的憎恨”。这让他思考其他更容易取悦上帝或取得世俗成功的方法。最终，恶魔让他想起他去沙漠之前的生活——他的家庭，他以前的工作——而眼前的路，即修道士的生活，显得没完没了，令人厌烦。[8]

正午恶魔的目标是让它的受害者放弃修道生活。为了抵御这种诱惑，埃弗格里乌斯的弟子约翰·卡西安（John Cassian）规定要劳动。他举了一个例子：一位德高望重的修道士阿伯特·保罗（Abbot Paul）住在一个偏远的地方，整天收集棕榈叶——这是制作篮子的原材料，并把它们储存在自己的洞穴。卡西安写道：“当他的洞穴被一整年的劳动成果填满时，他就会把他辛苦收集的东西全部烧掉……这证明如果没有体力劳动，修道士不仅不能长期在一个地方待下去，而且不能登上完
41 美的顶峰。”[9] 这段叙述暗示，怠惰与倦怠的无效能感或传道者的绝望正好相反；保罗工作的徒劳无用就是其全部意义所在——不惜一切代价防止恶魔近身。

中世纪的神学家把八种恶念转化为七宗罪，并将怠惰变成懒惰，一种道德上应受谴责的状态。“怠惰”这个词从西方文化中消失了。这太糟糕了，因为它如此精准地描绘了今天工作者典型的焦虑分心。无论是在开放式办公室（的荒漠），还是在临时的家庭办公室——厨房桌子上的一台笔记本电脑，

诱惑往往来自网络，离我们的工作只有一个点击之遥。我们的工作效率并不高，但我们也不是懒惰。毕竟，我们还在工作。因此，我不认为我们今天可以通过模仿保罗，进行无意义的劳动来治愈怠惰。无意义的工作我们已经做得够多了。就像细菌进化出抗生素耐药性一样，正午恶魔历经 17 个世纪，已经找到了突破我们传统防御的方法。

在近代早期，忧郁转变成新人文主义时代知识分子特有的痛苦。尽管如此，忧郁是一种纷繁多变的现象，甚至令人生疑，这也被当时的理论家和艺术家公认。[10] 莎士比亚笔下满腹牢骚的哲学家杰奎斯（Jaques）在《皆大欢喜》（*As You Like It*）中观察到，有多少种职业，就有多少类忧郁。他声称有“我独有的忧郁，它由各种成分组成，是从许多事物中提炼出来的，实际上是我旅行中所得到的各种观感——因为不断沉思，我被一种十分古怪的悲哀所笼罩”[11]。哈姆雷特也深陷忧郁的泥淖，因为知晓身边的一切状况和选择，反而无法行动。阿尔布雷希特·丢勒（Albrecht Dürer）1514 年的雕刻作品《忧郁症I》（*Melancholia I*）塑造了一个长着翅膀的女性形象，她一只手撑
着头，另一只手漫不经心地玩着一个罗盘，周围都是废弃的科 42
学装置、几何工具和工业设备。她的狗已经好几天没喂了。这个人物“新近获得了自我反思的主体地位，却被随之而来的无限可能性和责任所拖累”，沙夫纳在《疲惫》中写道，“实

际上，现代主体在15世纪诞生也许就意味着，疲惫感必然与自我意识如影随形”。[12] 到了勤勉成风的19世纪，忧郁与闲散（idleness）更紧密地关联在一起，而它最可靠的治疗方法（至少对男人来说）是工作。[13]

每一种失常——古代的忧郁、怠惰和近代的忧郁——都折磨着精英阶层，他们发现自己无法履行宗教义务或实现世俗野心。它们是那个时代思想前卫的、典型的男人（偶尔是女人）的疾病。这些失常是他们那个时代所设想的美好生活的软肋，无论这种生活是享乐的、神圣的还是求知的。但与职业倦怠不同的是，它们不是一种具有讽刺意味的自我挫败，即追寻美好事物的热望反倒削弱了你实现它的能力，不断的工作最终让人无力工作。一个整天祈祷的修道士原则上永远不会成为怠惰的受害者。而且，倦怠是在社会的工作条件下出现的，但忧郁却有自然成因。忧郁症患者要么感受失调，要么出生在土星之下——错出在他们的星象上。

在科学史上，两个或更多的研究者各自工作，获得了类似
43 的新见解，同时得出了某个科学发现的情况，比比皆是。一些著名的例子包括微积分的发明、氧气的发现以及进化论的提出。对神经衰弱的诊断则没那么出名，这是一种由于神经系统压力过大而导致的精疲力竭的状态。两位美国医生——纽约的乔治·M. 比尔德（George M. Beard）和密歇根州卡拉马祖的

埃德温·H. 范·德森（Edwin H. Van Deusen）——在 1869 年发表的文章中首次描述了这种疾病。[14] 随后的几十年间，神经衰弱不仅成为一种常见的医学现象，而且演变为一种文化迷恋，这个词充斥在流行的玩笑话和热门广告中。心理学家兼哲学家威廉·詹姆斯（William James）甚至把这种病称为“美国病”，因为它在美国盛行。[15] 有一段时间，它曾是全国性的痼疾。

神经衰弱，就像之前的忧郁症和之后的职业倦怠一样，是一种尚存争议的现象。争论的关键在于，一个还年轻的国家在维护其经济实力时呈现出的性格。詹姆斯认为神经衰弱症在科学上成立（事实上，他自己也经历过），然而，1896 年，《世纪》（*The Century*）杂志的一位作家辩驳道，美国人太有活力了，不可能表现出神经衰弱者的退行性疲惫。他写道，一个典型的“美国人精力充沛、富有进取心、静不下来、没有耐心；与欧洲人相比，他可能步伐更轻快，领悟力更强，他可能才思更敏捷，并且他肯定更匆忙，也许生活在更大的压力下，没有那么轻松”[16]。1925 年，精神病学家威廉·S. 萨德勒（William S. Sadler）从美国人的忙碌中得出了相反的结论。他认为，美国人对神经衰弱根本没有免疫力。相反，“美国人性情中急着奔忙和永不停歇的冲劲”导致他们患上这种病。萨德勒将美国人年到四十由“心脏病、中风、布赖特氏病、高血压”导致的惊人死亡率归咎于美国病。据他估计，这种病每年造成24万人死亡。[17]

44 神经衰弱的诊断如此流行的原因之一是，其症状的范围非常广泛，从消化不良和药物敏感至蛀牙和秃头，各种症状都包含其中。[18] 比尔德1881年的《美国神经质》（*American Nervousness*），是第一本关于神经衰弱的重要论著。这本书的卷首插画有一张标志性的“神经过敏演化表”，从轻微的病症，如神经性消化不良、近视、失眠、花粉过敏，直至各种形式的神经疲惫（严格意义上的神经衰弱），再到酗酒、癫痫和精神错乱等重症。[19] 所有这些疾病都相互关联，如同一棵树的树根与枝干。神经衰弱是树干。

尽管它与看似常见的疾病有关，但神经衰弱的诊断具有一种优越性。沙夫纳写道，因为比尔德“认为疲惫是由塑造现代社会的过程本身造就的……精疲力竭可以被视作一种积极的品质”。[20] 神经衰弱症患者是现代人的典范，符合时代精神。是文明本身导致了神经衰弱，所以其患者是无辜的受害者。他们不是有罪的懒汉。

就像那些患有怠惰和忧郁的人一样，神经衰弱者是社会精英。比尔德写道：

> 这种病症，随着文明的进步，随着文化和修养的提

> 升，以及与之相应地，脑力劳动渐渐超过体力劳动，而得到发展、促进和延续。与逻辑推论一致，神经衰弱在城市比在乡村更常见，在写字台旁、布道坛边和会计室里更明显也更频发，而非在商店或农场。[21]

比尔德认为，神经衰弱者更可能有良好的身体特征，高智 45
商，并表现出旺盛的情感。“文明的、有修养的和受过教育的人”才有神经衰弱的特质，“而不是野蛮、出身低微和未经训练的人”[22]。无数世纪末的文学作家，例如马塞尔·普鲁斯特（Marcel Proust）、奥斯卡·王尔德（Oscar Wilde）、亨利·詹姆斯（Henry James）和弗吉尼亚·沃尔夫（Virginia Woolf），都被诊断为神经衰弱，并转而塑造了神经衰弱的人物。[23] 比尔德发现，知识分子可以在他们喜欢的时候工作，从而优化他们的工作时间：“尤其是文学家和专业人士，他们是时间的主人，他们可以自由选择什么时间进行最艰巨和最重要的工作；若他们出于任何原因不愿再做艰深的思考，就可以休息、娱乐，或者只处理一些技术性细节。”[24] 比尔德的描述让我联想到一个充满活力的、21 世纪的科技创业公司的办公室，那里的员工因为会议桌上的乐高积木和随时能喝的精酿啤酒，工作和娱乐到深夜。你永远不知道灵感何时会降临，所以最好别离开。

上述患有神经衰弱的作者名单表明，这种病最终越过大西洋，来到了欧洲。它也将蔓延到美国的中下阶层，近乎成为一种普遍的痛苦。然而，比尔德认为黑人、南方白人和天主教徒比同时代的北方白人新教徒更不容易受其影响。[25] 这样一来，神经衰弱成为国家的痼疾，不仅因为它如此普遍，反映着这个国家的自我理解——勤奋而充满活力，它还反映了社会中不公平的种族、宗教、阶级和性别等级制度，并讲述了一个故事，即谁的努力推动了国家的繁荣，谁理应获得利益，而谁又不配享有权益。

46 比尔德的神经衰弱理论从一项新兴技术中汲取了灵感，这项技术是美国社会 24/7 新纪元* 的同义词：电灯泡。仅仅在托马斯·爱迪生的发明首次迸出火花的两年后，比尔德便将神经系统比作用来点亮一系列灯泡的电路，这些灯代表了现代文化中经常令人感到压抑的成就：印刷、蒸汽机、电报、民主政治、新宗教运动、贫困和慈善事业以及科学教育。它们很亮，却也耗尽了能源。大多数人会为了和这些东西保持联系而绷紧神经。比尔德写道：

---

* 24/7 是一天 24 小时、一星期 7 天的缩写。在商业和工业领域，通常指提供不间断的服务，即不管白天还是黑夜，全天营业且全年无休。

24/7 新纪元指的是以全天候、不间断的活动为标志的时代。这个术语多用于强调现代社会渴望即时获取信息、商品和服务，以及当代生活的紧迫节奏。——译者注

> 当现代文明不断要求我们在电路中插入新功能时，对不同的人来说，在不同的人生阶段，迟早会有那么一刻，你的力量不足以支撑所有的灯一直亮着；那些最弱的灯会完全熄灭，或者像更常见的那样，微弱无力地燃烧——它们没有熄灭，但发出的是不充足、不稳定的光——这就是现代神经过敏的哲学。[26]

换句话说，超负荷的神经系统会因过载而失灵（burn out）。

关于神经衰弱的其他描述读起来几乎与今天对我们这个
时代永远在线的超强连接性的哀叹完全一样。1884 年，德国
精神病学家威廉·埃尔伯（Wilhelm Erb）认为，神经衰弱之所
以这么流行，是因为“交通过度发达，以及由电报和电话构
成的通信网络”，因为全球化，也因为“严重的政治、工业和
金融危机造成的间接影响令人担忧”。越来越多的人觉得他们
必须时刻牢记这一切。现代生活的这些事实“让人们的头脑
过热，迫使他们的精神承担越来越多的新任务，与此同时却剥 47
夺了他们休息、睡眠和安静的时间；大城市的生活变得越来越
精致而躁动不安”[27]。今天我们也有类似的抱怨。从洗衣机到
即时通信，科技让我们得以摆脱许多烦琐乏味的任务，然而我
们要竭力跟上我们“必须”做的每一件事。悖谬的是，无论
在哪个世纪，便捷越多，似乎越会招致新的困难。

神经衰弱的治疗方法与其症状和病因一样范围广泛。水疗、黄金疗法和（针对男性的）剧烈运动都赢得了医生的认可。[28] 女性更适合接受“休养疗法”，这是一种彻底的禁闭，由医生 S. 威尔·米切尔（S. Weir Mitchell）开发。1892 年，夏洛特·珀金斯·吉尔曼（Charlotte Perkins Gilman）在其女性主义原型短篇小说《黄色壁纸》（*The Yellow Wallpaper*）中批评了这一疗法。[29] 这些疗法是笔大生意。许多制药公司突然出现，通过目录邮购的新媒介兜售非处方药——专利补品和灵丹妙药。电疗也很流行；神经衰弱者可以购买通电的腰带，给他们的神经系统充电。[30] 1902 年，西尔斯百货（Sears，Roebuck）的一条目录广告画了一个没穿上衣、留着胡子的壮汉戴着这样一条腰带。这条广告吹嘘它不仅能治疗神经过敏，还能治疗男性性功能障碍。腰带上挂着一个生殖器的附属装置，它“环绕着器官，将舒缓的激活电流直接传导到这些娇贵的神经和纤维上，以最令人惊叹的方式强化和增大这个部位”[31]。其他评论家提出了更宏观的解决方案：只有回归传统价值观，包括传统的性别角色，才能治愈神经衰弱的社会。德国精神病学家理查德·冯·克拉夫特-艾宾（Richard von Krafft-Ebing）将神经衰弱视为文明衰落的标志。在若利斯-卡尔·于斯曼（Joris-Karl Huysmans）1884 年的小说《逆流》（*Against Nature*）中，精疲力竭的反英雄主角渴求不复存在的天主教信仰。[32] 自此，

神经衰弱也成了文化战争的战场。 48

神经衰弱成为典型现代病的数十年后，自己也过载失灵了。人们把这个诊断的外延扩展得太大，设法把各种病症都涵盖在内。1905 年，一位医生抱怨说，神经衰弱已经被如此“详尽地阐述、扩展和滥用，以至于今天它几乎意指任何一个东西，这实际上等于说，它几乎什么都不是”[33]。医生们从未确定过神经衰弱在身体上的成因。比尔德的“神经力量”经不起生物学的检验，特别是在发现激素和维生素之后。[34] 美国医学会和美国政府严厉打击了各种专卖药广告。在 20 世纪早期的几十年间，精神分析对心理失常的解释成为主流。[35] 人们在 20 世纪 20 年代并没有停止疲惫，但是法律、医学和社会上的重大变革让那个时代的标志性疾病消失了。

倦怠在英语文化中兴起的第一个公开线索是格雷厄姆·格林（Graham Greene）1960 年的小说《一个燃尽自我的病人》（*A Burnt-out Case*）。这部小说代表了疲惫感失常在历史上的关键一步，因为与神经衰弱相比，它所描述的状况与主人公的事业更相关。它讲的是一种职业上的失常。

小说中，一位名叫奎里的著名欧洲建筑师突然离开了他的事务所，在一天晚上出现在一家偏远的麻风病医院。这家医院由一个深居刚果内陆的天主教修道会管理。奎里向麻风病

49 院里唯一的医生宣布："我是一个残缺不全的人。"他就像一个为怠惰所苦的沙漠隐士，想借由照料病人这样的简单工作得到疗愈。医生对奎里的自我诊断不以为然。"也许你的残缺还不够严重，"他说，"要是一个人来这儿来得太晚，疾病就必须自己燃尽。"[36] 也就是说，这病要任其发展，从患者身上夺走它能夺走的一切：四肢、手指、脚趾、鼻子。不过，一旦如此，病人就不再具有传染性，并且可以继续过他或她的生活——当然，病人会受到创伤，但不会对任何人造成威胁。

神父和医生把奎里看作和他们一样有职业（vocation）的人。但奎里不愿如此。他在日记中写道："我已经走到了欲望的尽头，走到了职业的尽头。不要试图把我绑在无爱的婚姻中，让我假装自己还像从前那样充满激情。"[37] 他把自己的才能比作不再流通的货币。后来，他告诉一位在丛林中追踪他的英国记者："有使命的人与其他人不同。他们能失去的东西更多。"[38] 最终，奎里确实失去了他能被夺走的一切，尤其是他的欲望和野心，而他在为麻风病院设计新建筑时找回了自己，为了新的目标重铸自己的才华。

奎里这个工作者与20世纪中叶资本主义的标志性人物不同：后者是朝九晚五的公司行政人员或装配线工人；至少在文化记忆中，他们都是战后大繁荣机器中可被替代的齿轮。相比之下，奎里恪尽职守，富有创造力。与穿着牛仔衬衫或灰色法兰绒套装的公司职员不同，他是独立的。他认同自己的工作，也被工作所认同；小说中的每个人都感到震惊，一个以事业闻名的人居然会放弃这份工作。他既体现了一种新的工作理想，即一种需要全身心投入的职业，也体现了对这种理想的拒绝。

根据格林自觉的天主教观念，奎里的损失最终是一种收 50
获。使命感可能是危险的，无论是对自己还是对他人。这是对人才、对那些不只是在了无生气的机构匆匆度过庸常下午的人的诅咒。职业走到尽头恰恰解放了奎里。一位牧师表示，奎里“被赋予了干旱的恩典”，指涉的是 16 世纪神秘主义者圣十字若望（St. John of the Cross）的灵魂的黑夜，它净化了人的感官，为更高层次的神圣沉思做准备。[39] 燃烧殆尽——烧出了一条路——为奎里走向更伟大的使命清扫了道路。

在 1974 年录制的歌曲《暴风雨中的避难所》（*Shelter from the Storm*）中，鲍勃·迪伦（Bob Dylan）滔滔不绝地列举了一长串的麻烦，其中包括“因疲惫而倦怠”。这句歌词出现在高居榜首的专辑《轨道上的血》（*Blood on The Tracks*）中，浓缩了一个重要的文化时刻。就像迪伦 10 年前的职业生涯一样，倦怠故事的起源与曼哈顿下城的反主流文化交织在一起。

20 世纪 70 年代初，纽约心理学家赫伯特·弗罗伊登伯格（Herbert Freudenberger）每天定期在他的私人诊所工作 10 个小时，然后去市中心的圣马克免费诊所（St. Mark's Free Clinic）轮班。该诊所为生活在东村的年轻人提供医疗服务，在装饰着摇滚海报的检查室，帮助他们解决药物成瘾、怀孕、蛀牙等各种问题。[40] 1968年，弗罗伊登伯格在旧金山的海特-阿什伯里（Haight-Ashbury）免费诊所花了一个夏天照顾嬉皮士，之后他于1970年帮助创立了这家诊所。弗罗伊登伯格与他在圣马克
51 免费诊所的病人产生了强烈共鸣。他后来写道："他们的问题，他们的斗争，成为我的问题，我的斗争。"诊所晚上关门后，他和志愿者们会开会到凌晨。然后弗罗伊登伯格回到上城区，睡上几个小时，第二天仍是同样的日程安排。[41]

显然，他不可能永远这样做下去。坚持了大约一年后，弗罗伊登伯格垮掉了。据他的女儿丽莎回忆，一天早晨，一家人本来要出发去度假，他却下不了床。[42] 在他的专业领域，已经有人使用"倦怠"这个词了。加州南部一个青年罪犯康复中心的官员在1969年的一篇论文中提到，倦怠是出现在医护人员身上的一种"现象"。[43] 圣马克免费诊所的工作人员用这个词来形容他们自己，但他们可能是从东村的街头偶然听来的，他们的病人在那里度过了无数个日夜。倦怠这个词的其中一种含义与海洛因使用者的静脉相关——向一个地方注射的时间过长，它就没用了，被烧毁了。[44] 在1980年的一本书中，弗罗伊登伯格把像他这样的"倦怠者"比作烧毁的建筑

物："曾经拥有一个不断跳动、富有生气的结构，现在被遗弃了。曾经有活力的地方，现在只剩下摇摇欲坠的废墟，让人依稀回忆起昔日的生机。"[45]

为了理解到底发生了什么，弗罗伊登伯格对自己进行了精神分析；他对着录音机说话，之后回放磁带，仿佛他是自己的病人一样。[46] 1974 年，他在一份学术期刊上发表了一篇题为《员工倦怠》的论文。在这篇论文中，弗罗伊登伯格问道："谁更容易陷入倦怠？"他的答案很明确："富有奉献精神的人和尽忠职守的人。"[47] 免费诊所的工作人员提供"我们的才干，我们的技能，我们付出了漫长的时间，却仅仅得到最低限度的薪水报偿"，弗罗伊登伯格写道，"但是，正是因为我们
全身心奉献，才走入了倦怠的陷阱。我们的工作时间太长，强 52
度太大。我们既感到来自内部的、想要工作和帮助他人的压力，又承受着外部要求我们不断付出的压力。当工作人员感到来自管理者的额外压力、要求他付出更多的时候，他就遭到了三面夹击"[48]。

弗罗伊登伯格的第一人称叙述引起了我的强烈共鸣。我知道那种三面夹击：学生和同事的要求、我对自己的期望、院长要求开会讨论课程的那封邮件。也许这就是为什么我的身体会在开课前一周突然出现原因不明的剧痛。弗罗伊登伯格对职业倦怠的分析是一种非科学的、临时性的解释，没有经过

严格的研究。他没有做调查，也没有一份测量职业倦怠的量表，只有有限的观察，例如，人们通常在诊所工作一年后就会陷入倦怠。他的语言融合了精神分析的术语和反主流文化的黑话。他随意地使用1970年代的俚语，如“瘾君子”和“自我欺骗”，并把“坏名声”用作动词。[49] 在次年发表的一篇类似的论文中，他强调，重要的是辨别“一个人在进行的可能是哪种旅行——自我实现之旅，还是追名逐利的自我膨胀之旅”，或者完全是别的什么旅行。[50] 弗罗伊登伯格列出的倦怠症状和乔治·比尔德列出的神经衰弱症状一样宽泛而不严谨：“精疲力竭，感冒久久不能痊愈，经常头痛和肠胃不适，失眠和呼吸急促”，以及“急躁易怒”、偏执、过度自信、愤世嫉俗和孤独。倦怠的诊所工作人员可能会“大量吸食大麻”。[51] 尽管1974年的这篇论文不够严谨，却还是吸引了我，因为弗罗伊登伯格显然对他的工作满腔热忱，并且深深同情他的同事们。他的论点只能算是一种猜想，一个明显是在深夜
53 “牢骚大会”上诞生的臆测。但即便在几十年后，这一猜测仍然基本正确。

弗罗伊登伯格在纽约两班倒的时候，克里斯蒂娜·马斯拉奇正在美国的另一边，试图说服心理学家菲利普·津巴多（Philip Zimbardo）停止他如今臭名昭著的斯坦福监狱实验。

1971 年的夏天，马斯拉奇刚刚获得斯坦福大学的博士学位，并且正在与津巴多约会，尽管她没有参与设计这项研究。这个实验要求学生们在一个模拟监狱中扮演囚犯和看守的角色，为期两周。它旨在研究去人格化：人们如何变得不把别人当人看待。学生们很快就深陷在他们的新身份中，“看守”通过身体上的羞辱、夺走床垫和单独监禁来惩罚被认为不守规矩的“囚犯”。

监狱实验太过完美地展示了去人格化的过程，以至于它必须提前结束。在第五天，马斯拉奇访问监狱现场时，她惊骇万分，看似寻常的大学生居然对彼此如此残暴。当她看到“看守”带着一列“囚犯”走过走廊时，她感到胃里恶心想吐，这些人被铐在一起，头上还被迫套上袋子。[52] 据她后来回忆，当晚她与津巴多交谈时，“我开始尖叫，我开始大喊：‘我觉得你对这些男孩做的事情太可怕了！’我哭了”。津巴多在隔天早上结束了这个实验。他说，有五十个人参观监狱，只有马斯拉奇一个人是道德和同情心的代言人。[53]

马斯拉奇很快开始研究在公共服务业工作的非极端条件 54
下的去人格化问题。(她和津巴多于 1972 年结婚。) 她想知道“负责照顾和治疗他人的人是如何开始物化他们要照顾的人的”[54]。她发现，尽管不同职业的处理方式不同，但“不带感情的照护”是护理人员的关键做法。医疗保健的工作规范要求工作者既能富有同情心地关切病人，又能保持临床上的客观性，然而，公共服务业的工作者通常与其委托人建立起情感上的密切关系后，却发现随着时间推移，这项工作让他们心力交瘁。他们的疏离是一种保护策略。马斯拉奇在1973年的一份报告中写道：“如果太过疏离，服务业工作者就会陷入‘倦怠’——公益律师用这个词来描述他们对委托人丧失了一切人类情感的状态。”[55] 马斯拉奇的报告比弗罗伊登伯格的论文只早了几个月。就像一个世纪前的神经衰弱症一样，职业倦怠也被同时发现，且其影响很快就远远超出了论文研究的范围，成为一个文化流行语。

在1973年的报告中，马斯拉奇已经提出了她后来极具影响力的职业倦怠模型的关键要素，即耗竭（exhaustion）、愤世嫉俗和无效能感，但她还没有把它们整合成一个融贯的理论。例如，无效能感这个维度已经出现了。马斯拉奇指出，精神科护士和社会服务工作者经常能看到，当事人的状况并未得到改善，这导致从业人员“感到自己有些没用、无能，甚至是不必要的”。[56] 情绪耗竭的概念尚未成熟。而且马斯拉奇大多数时候把“倦怠”等同于去人格化。职业倦怠还没有成为描述整个症状的专业术语。考虑到这份报告可以说是有史以来第一份关于职业倦怠的心理学研究，令人惊讶的是，马斯拉奇声称，在救贫法这一行业领域中，“‘倦怠’开始加速发

生”[57]。这意味着，在我们谈论倦怠的整整五十年间，我们察 55
觉到状况在不断恶化。

弗罗伊登伯格和马斯拉奇作为共同发现者，不仅是倦怠研究界的牛顿和莱布尼茨，也是列侬和麦卡特尼，在这一概念的普及中发挥着互补作用。弗罗伊登伯格是一个临床医生，而非学者，他的工作依赖于对其病人的案例研究而非实验观察。其风格随心所欲，给人的印象更像是趣闻轶事，这也是其魅力所在。针对一个模糊不清的现代问题，弗罗伊登伯格给出了容易理解的诊断，他甚至因此登上了电视谈话节目《多纳休访谈秀》和《奥普拉脱口秀》。[58] 马斯拉奇在加州大学伯克利分校的心理学系工作，尽管极富同情心，但她是一位造诣高深的专业研究者。在20世纪80年代初，她制定了她的职业倦怠量表，将科学方法应用于数百项研究中的无数参与者，所有这些研究都是她与一大批合著者一起进行的。从那时起，她一直是职业倦怠研究的领军人物。

关于人们如何以及为何会陷入倦怠，马斯拉奇和弗罗伊登伯格的观点也互为补充。我们需要他们两个人的观点，才能完整地说明倦怠的成因和影响。弗罗伊登伯格关注的是工作者个人，他们全神倾注于工作，遇到障碍，继而更努力地工作，直到崩溃。他强调工作理想如何导致了职业倦怠。马斯拉奇则强调工作条件。她同意弗罗伊登伯格的观点，即全身心投入的工作者有陷入倦怠的风险。不过，到了 20 世纪 90 年代，她已经发展出一个全面的理论，即倦怠是体制的失败。[59] 如果你的雇主没有给你足够的奖励，或者不公平的现象猖獗泛
56 滥，又或者你和同事没有形成共同体，你继续工作的能力和意愿就会渐渐分崩离析。

弗罗伊登伯格和马斯拉奇于 1973 年至 1974 年各自发现职业倦怠，绝不可能只是巧合。尽管他们各居东西两岸，用不同的方式读取时代的征兆，但他们都察觉到美国社会正在发生某种变化。鲍勃·迪伦也意识到了。尼尔·扬（Neil Young）在 1974 年年初也是，他在《救护车蓝调》（*Ambulance Blues*）中唱到，“倦怠者”漫无目的地拖着脚。是什么让“倦怠”成为理解这个文化时刻最恰当的词？

20 世纪 60 年代破碎的理想主义可能发挥了作用。那个时代的反主流文化——当然包括和弗罗伊登伯格一起在圣马克免费诊所工作的人——所设想的生活并没有把朝九晚五的工作放在中心地位。但是直至 70 年代，它对建制派的影响仍旧微乎其微。数以千计乐观的、受过良好教育的人投身于公共服务事业，满心鼓舞，希求赢得“济贫之战”，到头来却只发现社会问题有多么棘手，以及他们会受困于科层制度，白白浪费时间。[60] 同时，国民基本收入成为备受热议的、明显是可实

现的目标。1964 年，一份社会主义刊物提出，不考虑工作，分享社会财富。[61] 几年后，女权主义者和福利权益活动家出现在各大政治和媒体场所，呼求一份“有保障的充足收入”，用以对抗父权制和工作伦理。[62] 像米尔顿·弗里德曼（Milton Friedman）和马丁·路德·金（Martin Luther King，Jr.）这样意见存在分歧的思想家也倡导实行基本收入，各城市和各州都进行了政策试验。甚至理查德·尼克松（Richard Nixon）总统也支 57
持一项要为所有美国家庭提供最低收入的提案。众议院以多数票通过了他的家庭援助计划。但这项本可以将一些工作者从最痛苦、收入最低的工作中解放出来的措施，从未完全实现。参议院否决了这项议案，因此它从未递到尼克松的办公桌上待其批准。[63]

诚然，这些破灭的理想可能对于职业倦怠在 1970 年代初的出现很重要，但还有一个更重大的因素牵涉其中。职业倦怠首次获得公众关注，正值美国工作史上的一个关键转折点。数十年后来看，历史学家现在把 1974 年视为“时代的分水岭”，正如杰斐逊·考伊（Jefferson Cowie）在他讨论 20 世纪 70 年代工人阶级的著作《活着》（*Stayin' Alive*）中所说的那样。[64] 在 1974 年之前，关于劳工的新政（New Deal）共识仍然占主导地位；如果生产力提高，那么工人的工资也会提高。于是，普通工人的实际工资稳步上升，于 1973 年达到顶峰。[65] 这是工人阶级的鼎盛时期——至少是白人工人阶级，他们享受着政府项目和工会代表的全部好处。繁荣似乎唾手可得。工人阶级甚至主导了电视频道，例如以阿奇·邦克（Archie Bunker）为主角的《全家福》（*All in The Family*）。不过，这并不意味着没有冲突。年青一代的工会成员希望与生产线上的快节奏和枯燥的重复工作抗争。他们的长辈争辩说，他们已经有了对自己有利的合同，为什么还要煽动人们反对工作的无聊？[66] 尽管如此，关于工作质量的内部辩论预示着一场真刀真枪的劳工运动。

好景不长。1974 年后，20 世纪中期的黄金时代崩溃了。尼克松总统的丑闻和越南战争的可耻结局动摇了美国人对政
58 治体制的信心。美国制造业和组织化的劳工淹没在全球竞争、石油输出国组织禁运导致的“石油危机”和急剧通货膨胀的毒潮下。自第二次世界大战以来，工人生产力的提高第一次与他们的工资脱节。自 1974 年以来，劳动生产率持续增长，但工人的报酬却没有随之提高。非管理人员的实际工资在 20 世纪 70 年代和 80 年代下降了，除了新冠疫情影响劳动力，造成了暂时性的小幅回升，他们的工资至今仍然没有恢复。[67] 历史学家里克·珀尔斯坦（Rick Perlstein）写道：“不断地重新调整期待值——下调：这是 70 年代的基调。”[68]

美国在 1970 年代面临的难题不仅仅是政治或经济问题，

它们也是情绪问题。历史学家和当代观察家称这十年之中发生的事件是国家的“精神崩溃”，是“集体的悲痛”。[69] 这十年以总统吉米·卡特（Jimmy Carter）的电视讲话告终，据他诊断，整个国家都患上了一种慢性精神疾病，这次讲话后来也被嘲笑为“萎靡不振演讲”（malaise speech）。在讲话中，卡特谈到他刚刚花了十天时间与美国人讨论他们关心的问题。他列举了一长串他们对其领导和国家现状的抱怨，上至石油短缺，下至他漠不关心的态度。之后，卡特提出了他所认为的“对美国民主的根本威胁”，那就是“信心的危机……我们都能看到这场危机：我们越来越怀疑自己生活的意义，我们的国家失去了统一的目标”。卡特也从选民参与度的降低、劳动生产率的下滑和对未来的信心下降中看到了这场危机。换句话说，美国已经成为倦怠的一个活生生的例子：精疲力竭，愤世嫉俗，并被一种无用感吞噬。[70]

20 世纪 80 年代之初，职业倦怠成为一个核心术语，用于 59
描述身心俱疲、受挫的美国工作者的状况。不久，马斯拉奇就提出了她关于职业倦怠的制度性原因的理论；而弗罗伊登伯格 1980 年的《职业倦怠：高成就的高成本》（*Burn-Out: The High Cost of High Achievement*），成为流行的自助指南。1981 年，空中交通管制员工会的主席援引了“提早陷入倦怠”，作为工会成员为了争取更高的工资和更短的周工作时间而发动罢工的第一个原因。[71] 在我看来，在与倦怠的斗争中，这次罢工是一个值得乐观的时刻：集体行动似乎有可能治愈倦怠。然而，当11 000名管制员因为拒绝总统罗纳德·里根（Ronald Reagan）的复工令而被解雇时，这个希望破灭了。里根的决定传递了一条讯息，工作者们至今仍能听到：他们要么自己处理倦怠，要么根本不作处理。一年后，这个词显然已是司空见惯，以至于威廉·萨菲尔（William Safire）在《纽约时报》“论语言”专栏中宣布，这个词本身“陷入语言上的倦怠”。[72]

尽管从20世纪90年代至21世纪，关于职业倦怠的研究层出叠见，范围也从公共服务领域扩展到白领和蓝领工人，但这个词在美国却进入了长达20年的休眠期。与此同时，如同一个世纪前的神经衰弱症，倦怠也传到了海外。马斯拉奇和两位合作者在2009年的一篇论文中指出，“大体上，各个国家对倦怠产生兴趣的顺序，似乎与其经济发展相一致”。[73] 也就是
60 说，职业倦怠一开始受到富裕的北美洲和欧洲国家的关注，然后传播到拉丁美洲、非洲和亚洲（我承认，这种说法也隐约呼应着乔治·比尔德的论点，即北方白人新教徒比其他地区、种族和宗教群体更容易患上神经衰弱）。2019年，在世界卫生组织发布的诊断纲要《国际疾病分类》中，倦怠虽不是一种疾病，但被列为一种“综合征”。[74] 那也是神经衰弱终于从国

际疾病分类中消失之时。包括瑞典在内的一些欧洲国家，把职业倦怠视为一种正式诊断，患者有权享受带薪休假和其他疾病补助。[75] 在芬兰，陷入倦怠的工人可以参加带薪康复讲习班，这些讲习班有十天密集的个人和团体活动，包括咨询、锻炼和营养知识课。[76]

尽管在过去的五十年里，不止在作为发源地的美国，越来越多的人意识到职业倦怠，但公众对这种状况的理解却进展甚微。即使是科学的理解，在某些方面也令人沮丧地停滞不前。关于如何衡量职业倦怠，仍旧没能达成什么共识，也没有一种得到广泛认可的诊断方法。在美国精神医学学会的《诊断与统计手册》中，职业倦怠并未被列为一种精神疾病。几十年后，弗罗伊登伯格模糊的、包罗万象的症状清单仍然回荡在我们耳边。1980 年，弗罗伊登伯格将职业倦怠归因于从性革命到消费主义等一系列社会和经济的快速变革。“同时，”他写道，“电视让我们看到人们都过着‘美好生活’的诱人画面。”[77] 把这句话中的电视替换成 Instagram（一款社交应用），那它可能就出现在某个旨在优化生活的健康网站昨天刚发布的文章中。

1999 年正值科技热潮的鼎盛时期，当时《纽约时报》头
版上一篇关于职业倦怠的报道听起来也很熟悉。作者莱斯 61
利·考夫曼（Leslie Kaufman）聚焦惠普公司的一个区域销售部，

那里有超过一半的工作者报告说“工作压力过大”。为了减轻这种压力，留住员工，惠普和其他公司的经理们尝试了许多新的改进措施：“无论是把工作时间限制在每周40小时，还是劝员工不要在周末查看电子邮件和电话留言，什么方法都试过了。”我们仍然面临完全相同的问题，我们提出的仍然是一些相同的解决方案。文章提到，已经试过了弹性工作时间制和远程办公，但它们都不奏效。“对这个问题的解决才刚刚开始，”考夫曼指出，“许多公司都在谈论它，但不知道如何改变他们老一套的方式。”[78] 二十多年后，公司仍然在谈论职业倦怠，但他们还是不知道如何改变。

所有这些历史让我得出一个明确到令人沮丧的结论：五十年来，我们一直在重复关于职业倦怠的相同对话。加上神经衰弱的历史，已经有一个半世纪了。如果算上忧郁症和怠惰，那就已经超过两千年了。我们今天在谈论工作和文化带来的疲惫时，不仅听起来像弗罗伊登伯格、马斯拉奇及其20世纪70年代和80年代的批评者——这些人关注受过良好教育的精英工作者，他们感知到文化的加速发展，并且倾向于将所有的痛苦归纳为一个模糊不清的总术语；我们听起来也像19世纪80年代把神经衰弱理论化的乔治·比尔德和S. 威尔·米切尔。早期的职业倦怠研究者不断重申他们的信念，认为成为一个现代人、成为一个时代的化身就意味着要变得疲惫不堪。现在，我们的公众讨论也认为，倦怠是一整代人的特征，这一代人一直是技术、变革和文化前沿的代名词。

长期以来，我们一直在围绕着倦怠问题兜圈子，对此，我 62
的心情很复杂。一方面，我希望对话能走上一条新轨道。我不想再重复过去的错误——什么灵丹妙药、呼吁坚定的个人主义、因技术发展而哀叹不已，或空洞地发誓说要改变我们做生意的方式。我不想成为我们这个时代的乔治·比尔德，对破绽百出的伪科学喋喋不休。我想要倦怠研究变得更加系统化，目标是能为这种给我带来巨大痛苦并断送我职业生涯的状况确立诊断标准。我希望市场营销的胡言乱语能让位给更合理、更有同情心的声音。我认为，除非我们的对话变得更加冷静、更加严谨、不再危言耸听，否则我们将无法帮助深陷倦怠的工作者们。

另一方面，我害怕关于职业倦怠的讨论没有改变，是因为它无法改变。职业倦怠在我们的文化中根深蒂固，就像怠惰之于沙漠隐修主义，神经衰弱之于电气时代一样——也许就是如此根深蒂固，以至于我们无法从文化内部移除导致职业倦怠的祸因。这就像你用右手给右手做手术一样。当我读到“如何发展你的创业公司，而不冒倦怠的风险”这样的标题时，我感到绝望。[79] 你做不到。加入我们这个时代的工作文化，就等于冒着倦怠的风险。你还不如试着游泳而不被水打湿。当我们不再倦怠时，我们也将不再是我们自己。我们将失去指导我们生活的文化假设：关于什么值得追求，我们应该以谁为人生的榜样，以及如何度过我们的时间等种种假设。这可能就是为什么尽管几十年来我们有这么多压力和抱怨，却仍未能终结倦怠文化。在某种程度上，我们并不想终结它。

63 这种希望和恐惧交织在一起，可以浇灌出一种决心。我的确相信我们可以不再以工作为中心，重新塑造我们的身份。我们可以终结倦怠文化。但首先，我们需要更精确的词汇来描述这种居于我们社会、道德和精神生活核心的痛苦。

第三章

倦怠谱系

没有人一开始就陷入倦怠。我刚成为神学教授时，有着无 64
限的精力，心态十分乐观。毕竟，我开始了自己梦寐以求的工作。我为终于有机会让学生们像我当初那样为探索真理和滋养心灵而兴奋不已。第一个学期，我每天早上八点都有课。我来得比同事早，待得却几乎比所有同事都久。尽管如此，我还是设法对我的工作有所限制。我尽量每周末都把工作留在办公室；大多数时候，我都能做到。

我职业上的第一次危机发生在学期中间，当时我给我带的一个班的第一篇论文评分。我让学生们写一篇文章，分析奥古斯丁《忏悔录》中的友谊主题。《忏悔录》是一本艰深晦涩却文笔优美的回忆录，其中有很长的神学段落（现在回想起来，我才意识到这个作业对于大二学生来说也许有些沉重）。有一个学生的论文脱颖而出，它的语言明显不同于一般本科生容易出错、匠气乏味的文章。这篇论文的整个段落看起来都像是由 20 世纪 50 年代牛津大学一位抽着烟斗的老教授写的。这个学生在一个句子里正确地使用了“难以平息的”这个词。

65 但随后论文陡然转向了空洞无聊的修辞问题，如果有人想让自己显得比实际更聪明，他就会问这种问题。最奇怪的是，这个学生多次将“友谊”作为动词使用，例如，“我们应该友谊上帝，因为他友谊我们”。嗯？我苦苦思索这篇论文，还把它拿给一些同事看，他们同样感到困惑，我猜测这个学生把其他人关于奥古斯丁和爱的文章拼凑在一起，然后在自己的文档中通过查找和替换，把“爱”改成“友谊”。而且显然，这个学生之后也没有校对这篇论文。我一搞清楚发生了什么，便怒不可遏。然后，我发现其他几个学生也抄袭了别人的论文，我渐渐感到心灰意冷。

几周后的期中考试，我的学生平均都只得了 D。他们没有学到任何东西吗？他们甚至都没有努力吗？我在给朋友的信里写道：“想到教育是一个不可能的谎言，我忧虑难安。”第二年，一个班里有近乎一半的学生都抄袭论文。课上每一个这样的挑战都像是在侮辱我的理想。

诚然，教学并不全是糟心事。我看到学生每学期都在学习；他们会因我课上的保留节目——神学笑话礼貌一笑。但是他们的抄袭行为和冷漠态度压得我喘不过气，以至于在某天

凌晨两点，那时我已经工作了六年，正在申请终身教职，我也
给自己写了一封“反终身教职信”，举例论证自己的无能。我
写道，我已经开始厌恶这样的事实，即我的工作是“逼迫人
们做他们根本不想做的事情：阅读、讨论富有挑战性的新想
法，以及写作”。我写道，我能想到如何打破课堂上的“僵
局”，但我没有勇气去尝试。“我就是缺乏精力和动力，也没 66
有欲望去教不愿意学习的人。”

我现在能从这句话中辨识出职业倦怠的三个典型症状：耗竭、愤世嫉俗和无效能感。但这还是在我辞职的几年前。尽管那个深夜我无比绝望，我并没有连起床都感到困难，也没有试图用大吃大喝来麻痹自己的坏情绪。我获得了终身职位。我继续前进。我不断提醒自己：*这可是我梦寐以求的工作*。

可以说，在我写反终身教职信的那段时间，我正在遭受倦怠折磨。但那段经历并不是终点；我没有像一个没电的灯泡或化为灰烬的木柴那样被“烧坏”或“燃尽”。接下来的几年里，一些事情发生了变化，才让辞职看起来是生存的唯一出路。一旦我们搞清楚工作者轻微的挫败感怎么转变成令人苦不堪言的徒劳感，我们就能得到公众讨论亟须的对职业倦怠的可靠定义。

人们的倦怠体验种类繁多，浩若烟海，其程度相差悬殊，

浅若大陆滩涂，深如不可测度的海沟。在某些情况下，它看起来像临床抑郁症；另一些情况下，它类似于同情心淡漠，这种状况通常比职业倦怠出现（和消散）得更突然。[1] 我们定义职业倦怠时，需要考虑到这些差异。全球绝大部分的工作者要么表现出倦怠的症状，要么自称陷入倦怠，但就表面看来，大多数人都能继续坚持。与此同时，有一小部分人几乎无法再正常工作。他们长期以来疲惫不堪；表现退步，对工作的投入减
67 少；认知能力下降，比如执行力、注意力和记忆力的衰退。[2] 他们可能滥用药物甚至成瘾。一些人，其中包括数量惊人的美国医生，甚至打算自杀。[3] 不是每个自称倦怠的人的情况都这么严重，但数百万这么说的人在使用这个术语时都说了一些东西。他们与工作的关系出了问题。

为了平衡广度（每个人都感到有点倦怠）和深度（有些人极度倦怠，无法再继续工作），我们应该把倦怠视作一个谱系，而非一种状态。我们在大多数对职业倦怠的公开讨论中，谈论的是“倦怠”的工作者，仿佛这种状态非黑即白。然而，非黑即白的观点无法解释倦怠体验的纷繁多变。如果就像灯泡亮或不亮一样，在倦怠和不倦怠之间也有一条清晰界线，那么我们就无法很好地给那些说自己陷入倦怠却仍然能胜任工作的人归类。而把职业倦怠设想为一个谱系，就可以解决这个问题；那些自称倦怠，但工作能力并没有因此削弱的人，只是

正在对付职业倦怠部分的或某种不太严重的形式。他们正在经受职业倦怠，但还没有陷入倦怠。倦怠尚未成为最终定论。

心理学家在治疗其他疾病，例如自闭症时，已经将之作为一种谱系障碍，把几种严重程度不同的相关病症归为一类。一些人，包括一位名为朱尔斯·安斯特（Jules Angst）的瑞士研究员，也将抑郁症视为一个谱系。在1997年的一篇论文中，安斯特和他的合作者凯瑟琳·梅里康斯（Kathleen Merikangas）指出，年轻人在十五年的时间里，在抑郁症状的谱系中变来变去。也就是说，随着时间的推移，他们会表现出更多或更少的抑郁症的诊断特征，并经常在重度抑郁症的阈值边缘徘徊。[4]他们发现，经历过“阈下”抑郁的人，之后发展为重度抑郁 68
症的风险要高得多。[5]这项研究带来了一个鼓舞人心的结果：如果能识别出抑郁的轻度状态，就有可能让出现抑郁的个别症状的人在状况进一步恶化之前得到治疗。

抑郁症或倦怠谱系的概念也比单一阈值、“是或不是”的极端模型更能真实地反映人们对这些疾病的体验。所有的阈值都是任意的，包括区分不同类别的“阈下抑郁”的界线也是任意的。我们不知道根据马斯拉奇倦怠量表或其他一些衡量标准，“倦怠”和“不倦怠”之间的界线在哪里，因为根本没有界线。严重程度不同的倦怠体验相互交融，就像在彩虹中我们称作“红色”的颜色会逐渐变成橙色。我们可以划定一条界线，并且我们可能需要这么做，因为在临床处理中，明确的诊断很重要。更精细的分类也让更细致的治疗得以可能。安斯特和梅里康斯提出，每个人在生活中都会经历轻微的、短暂的抑郁状态。[6] 类似地，如果我们承认存在轻度的职业倦怠，那么我们可以料想，大多数人都会在某个时刻落入职业倦怠的谱系中，即使并非每个人都会“发展”为程度更严重的耗竭、愤世嫉俗和无效能感。所有工作都有可能把我们拽入职业倦怠，尽管某个人也许只经历了它的一部分、倦怠的某一个维度，而随着时间的推移，这种失常会发展出更全面的症状。

一位工作人员的切身经历说明了职业倦怠这种不断变动的特征，她就是丽兹·柯夫曼（Liz Curfman），一位有执照的社会工作者，在达拉斯一家为难民儿童服务的非营利组织工作。
69 柯夫曼告诉我，业界“视倦怠为勋章”。不过，对她来说，职业倦怠以一种特殊的形态呈现。她说，纵观她整个职业生涯，工作压力让她很容易产生愤世嫉俗的情绪。在她以前的一家雇主那里，她的团队正在重新申请一笔拨款，以支付他们的工资。她回忆说，由于工作岌岌可危，她感到非常焦虑，这导致她开始对同事们说三道四——这是一种去人格化。她说：“我是如此愤世嫉俗，我时刻准备着指指点点，说别人哪里做得不好。”拨款得以续期之后，柯夫曼的愤世嫉俗演变成了无效能感。她怀疑自己协调美国志愿队计划成员的工作到底有没有用。每当她在工作中尝试一个新的解决方案时，她都说：“让我们把这件事赶紧结束算了，反正都无关紧要。”

后来，在另一个组织工作时，柯夫曼的愤世嫉俗死灰复燃。“我不像现在和你说话这样和善、宽厚，”她开玩笑说，“我浑身是刺——非常好斗，动不动就要挑事寻衅。”那个组织给了她两周的带薪假，让她休息一下，正确看待自己的工作。起初，柯夫曼感觉被冒犯：“我当时想，‘你怎么敢这样？’”但是，这段时间的休息帮助她意识到自己挣扎得有多么辛苦，以及她在和上司沟通彼此的期望时做得有多么糟糕。她重回工作岗位后，更加清楚自己需要什么才能表现出色。

我们聊了一个小时，柯夫曼并没有谈到耗竭这一维度，但其他工作者肯定有此感受。事实上，我们经常把精疲力竭等同于倦怠。如果我们把职业倦怠看成是由各类情况组成的谱系，而不是一种要么有要么无的疾病，那么，工作者觉得身心疲惫却没有出现去人格化或无效能感，就讲得通了。我们中任何一个部分经历过职业倦怠的人，都在这个谱系中，只是还没发展到最严重的程度。纵使我们已经由于工作而感到身心俱疲、愤 70
世嫉俗或徒劳无用，事情仍可能变得更加糟糕。

我的倦怠感时轻时重，反反复复了好几年，才成为一种永久性的状况。像丽兹·柯夫曼一样，我也变得愤世嫉俗，觉得一切徒劳无效，但没有严重的疲惫感。疲惫感直到后来才出现。通常，我每学期教四门通识教育课，这些课是学校要求学生不管他们的专业是什么都必须参加的。学生们在课程评价中表达了他们的不满。一条典型的评论是："评分很严格，这门课毫无意义，他还过分挑剔。"为了在职业上寻求满足感，我把时间投入到工作的其他部分：委员会、研讨会、发表。但这也是有代价的。差不多在我写反终身教职信的那段时间，我给自己写了一张便条："所有这些都让我厌倦不已。这不是一个思想挑战。（这是一个挑战，只不过不是思想上的。）而且它也真的没有什么回报，因为大多数学生似乎都没有从中受益，而那些少数的确受益的学生也没有向我表达过任何感谢。"

现在读来，括号里那句说教学不是思想挑战的题外话，突然引起了我的注意。它告诉我，我刚从事这份工作时，期望的是一件事，结果得到的却是另一件事。我希望过上想象中我的教授们过的那种生活。我以为进入学术界，我就成了文人共和国的公民。但实际上，它依然仅是一份工作，有一套行政管理体系，有要赶的日程表，有需要在五点前完成的无聊琐事。学生们也不觉得学习是高尚的、对智识的追求。对他们来说，教
71 育不过是成为一名会计、体育教练或教师的手段。他们并不像我过去那样，是为了神学思考的纯粹快乐而投身其中。我不怪

他们。但我还是忍不住期望他们能像我一样。

我们的职业理想与工作现实之间的鸿沟是倦怠的起点。当我们在工作中实际做的事情与我们希望做的事情有差距时，我们就会感到倦怠。这些理想和期待不只是个人的，也是文化的。在富裕国家的文化中，我们希望从工作中获得的不仅仅是薪水。我们想要尊严。我们希望实现个人的成长。我们甚至可能想寻求某种超越性的意义。可我们没有得到这些东西，部分原因是在过去的几十年里，工作对情绪的要求变得更加苛刻，物质上的回报却愈来愈少（我将在第四章和第五章进一步阐明越来越差的工作条件和理想的破灭）。我想象中大学教授的生活，是与才华横溢的同事和求知心切的学生不停地进行思想对话。现实是，教学充满困难，工作难以得到认可，并且我花费大量时间参加乏味的会议，或独自待在办公室，对学生的抄袭行为疑神疑鬼。

职业倦怠由理想和现实之间的差距导致，这种观点在研究文献中很常见。[7] 克里斯蒂娜·马斯拉奇和她的合作者迈克尔·莱特称，倦怠是“一个指标，衡量人之所是和他必须要做的事情之间有多大错位”[8]。我认为他们的意思是，倦怠标示着，你的工作要求与你对自我的理解有多大差异。在马斯拉奇最早的一篇关于职业倦怠的文章中（发表于 1976 年），她认为这个问题与人们在工作中有些部分没有提前准备好相关。一位公益律师告诉她："我受过法律方面的专业训练，但不知道如何与我的当事人合作。正是这种一小时又一小时，连续不断地与人打交道，处理他们的问题，让我倍感困难并成为
72 我的问题，而不是法律事务本身。"这个人对"法律事务"的设想与必须解决不属于法律的人际问题的现实之间，存在着巨大的落差，他或她陷入职业倦怠的条件已经成熟。[9]

职业倦怠的体验就像是踩在一对渐相远离的高跷上。两根高跷分别代表我们的理想和工作现实。如果我们幸运的话，它们彼此靠得很近，很容易就能抓住这两根高跷，向前直走，而不需要费力伸腿或笨拙地到处摸索。但事实很少如此尽人意。随着高跷渐渐分开，它们形成了一个越来越宽的 V 字。如果它们不是很高，如果工作对你的要求不太多，那么理想和现实之间那几度的分离，还不至于让你松开手。但是，如果高跷很高，如果你的工作像急诊科护士那样费心费力，那么，哪怕现实与你的理想只有一点偏差，也会让你感到极其吃力。随着时间推移，你的力量终会耗尽，这时你要么放开其中一根高跷，要么就整个摔倒。无论是哪种情况，一个人被它们拉扯着，都更难以在生活中松弛下来，充分而健康地成长。

两根高跷第一次逐渐分开，各从两边拽着你的时候，你感到轻度或暂时的倦怠。这种痛苦是真实的，就像一直抓紧高跷不放那样困难。你感到的身心俱疲、愤世嫉俗和力不从心，都

是症状，就像发烧是一种症状一样。它们发出信号，表明有什
么地方出错了——你现在摇摇欲坠。你撑了一个星期甚或一
个月，随后项目结束，或者你在截止日期前完成了工作，两根
高跷再次拉近。张力得以缓解，你可以把理想和现实握得更
紧，更稳固些。但是很快你又面临一个新挑战，V 字形再次变
得越来越宽，而这一次，它没有在几周后就靠拢。你只得不断
地伸长四肢，尽力把两根高跷抓在一起。你的手心出汗了。你
能感到自己在渐渐崩溃。你知道两根高跷本应该在一起的；你
的父母、老师和毕业典礼上的演讲者一直都这么告诉你。那
么，到底是你出了什么问题，才会坚持得如此艰辛？但是，两 73
根高跷再也不会排在一起，而再过一个月、一年或更久以后，
你到了必须放弃的地步。

我在读自己以前的笔记时，看到了自己苦苦挣扎的结果。我面对的现实是，我为学生做什么他们都漠不关心，我却还勉力坚守崇高的工作理想——启迪年轻人的心灵，鼓励他们尝试新的思维方式。我活在我对工作的想象与实际工作情况的矛盾中，时常感到压力巨大。同样的感受在我的笔记中出现了一次又一次，那正是理想与现实的差距拉大之时。但这种差距肯定也有缩小的时候，让我能够放松和恢复。我并不是一直都处于紧张状态。不过，身心一次次绷紧，最终导致我失去了弹性。数年后，当理想和现实又一次渐行渐远，而且持续了很长

时间，我终于崩溃了。

人们经常以为，每个人陷入倦怠时感受到的压力各不相同。但事实上，人和人之间、工作和工作之间并没有那么不一样。如果一个人陷入倦怠的主要表现是愤世嫉俗，那么对其他人来说可能也是如此。因此，如果我们能够确定职业倦怠的几类典型感受，我们就可能想出办法，帮助那些经历过谱系内每一种职业倦怠的人。

正是考虑到这一点，研究者最近才开始关注倦怠“剖图”或倦怠的特征体验。[10] 鉴于职业倦怠有三个独立的维度，你既有可能发现在其中一个维度上得分特别高的人，不一定在其他维度上也得分那么高——一个人可能疲惫不堪，但他并不愤世嫉俗，也不被无效能感折磨；你也有可能发现一个人在
74 三个维度上得分都很高。例如，马斯拉奇和莱特认为，职业倦怠有五种剖图：要么在三个维度上得分都低，要么在所有维度上得分都高，剩下三种是仅在其中一项上得分高——耗竭、愤世嫉俗或者无效能感中只有一个是高分。虽然我说的是“高”分和“低”分，但这种类型分析并不依赖于某条任意的分数线，来确定一个人是否符合某张剖图。相反，它寻求的是人们对马斯拉奇倦怠量表的反应模式，即量表上得分聚在一起的簇。[11] 这些簇就是剖图，是人们经历倦怠最常见的方式。

回到我们之前踩高跷的比喻，五种倦怠剖图大致和你如何同时紧握职业理想和工作现实、保持直立的五种不同方式相对应。有一种方式是最简单的：理想和现实已经高度一致，你可以同时抓住两根高跷，毫不费力地行走自如。这就是莱特和马斯拉奇所说的“敬业”，但我认为一个简单的词，“无倦怠感”更好。（我相信，把“员工敬业”作为一种工作理想，本身就会导致倦怠；我将在第五章中详述这一点。）当两根高跷开始渐行渐远，剩下四种剖图所描述的情况就会出现。此时，根据个人不同的经济状况和心理特质，我们会以四种不同的方式做出反应。不过，我想申明的是，这些反应并不是你可以选择的。你不能决定你将以何种方式陷入倦怠，就像你不能决定你会不会陷入倦怠一样。这四种反应是不由自主的，是我们的身体和心灵对某种特定压力的四种不同的应对方式。

我们在处理工作现实背离理想的难题时，第一种办法是，当这两根高跷拉扯我们时，我们拼命抓着它们不放。我们纯粹凭借意志的力量，或者就是拒不接受事实，死守着自己对工作 75
应该如何的期望，即便它与现实越来越不相称——不论是由于工作量太大，得到的支持不够，还是因其对情感的要求过于沉重。当我们被拉拽成这样，仍抓着这两根高跷不放时，耗竭主宰着我们的全部感受，我们劳累过度了。

第二种方式是放弃我们的理想，妥协并顺从现实。如果我们这样做，我们会把同事和客户去人格化。或者我们放弃了工作的社会使命，只关心自己的薪水。符合这种剖图描述的工作者，可能是一位医疗技术人员，他会把病人化约为他们的病情，例如 27 号床的病毒感染；也可能是一位教师，他认为如果没有学生，在学校工作应该会很愉快。这种情况也包括像过去的丽兹·柯夫曼那样的工作者，对同事大发雷霆，并在背后议论他们。当理想——这也包括把别人当作完整的人对待的理想——对我们的工作而言不再重要，我们就会变得愤世嫉俗。

第三种方法是坚持理想的同时，忽视或反抗现实。我们变得失望或愤怒，因为我们的工作没有达到我们对它的期望。或者，我们让自己从工作中脱离出来，尽可能少做点：何必呢？反正我只会失败。我们觉得自己没有用、没有价值。我们眼睁睁地望着理想，认为我们永远无法实现它。我们感到心灰意冷。

最后，我们会同时放下理想和现实。或者，若是我们被拉扯了太久，就会被彻底摧毁。我们从高跷上摔下，除了最基本的事情，无法再多做什么。每一次努力都让人筋疲力尽。我们的工作只是一件苦差事，没有任何可取之处。我们感到被耗尽，空虚。我们已然陷入重度倦怠。

研究者已经发现在任意给定的时间会有多少工作者符合

这五种情况。对美国和加拿大的医院员工（包括医生和护士 76
等临床人员，以及行政和采购人员）的多项研究表明，40%到45%的人符合我所说的“无倦怠感”剖图；20%到25%的人符合“心灰意冷”剖图，仅在无效能感方面得到高分；15%的人由于高度耗竭而感到“劳累过度”；10%的人在去人格化方面得分很高，因此“愤世嫉俗”；还有5%到10%的人符合“重度倦怠”的剖图，在三个维度上全都是高分。[12] 其他研究采用不同的方式勾勒这些剖图，但都支持如下结论：大约40%的工人符合无倦怠的剖图描述，5%到10%的人属于典型的重度倦怠。[13]

有了这些数字，我们总算能回答一个重要问题：有多少工作者陷入倦怠？超过一半的人处在倦怠谱系中，根据在倦怠三维度中的一个或多个维度上的高分，表现为对应的某种倦怠剖图。还有一小部分人，多达10%，在三个维度上都得了高分，符合典型的倦怠剖图。这些数字十分直观。你可以观察下自己的工作环境；很有可能，许多人似乎都工作得挺好，也有许多人并不快乐或明显疲于奔命，还有少数人确实受尽煎熬，只是在苦苦支撑。

呈现为“重度倦怠”剖图的工作者，比你在满是噱头的新闻报道和营销报告中读到的“陷入倦怠”的人数要少。但这并没有削弱职业倦怠作为我们工作环境和文化的大问题的重要性。事实上，符合“重度倦怠”特征的工作者的比例，与美国患有临床抑郁症的成年人的比例相似，后者为8.1%，但我们可以正确认识到，抑郁症是一个严重的问题。[14] 如果在任何时候都有一半的工作者处在倦怠谱系中，那么可以说绝大多数人在其职业生涯的某个阶段都经历过某种倦怠，而
77 且相当一部分人可能至少有一次会陷入重度倦怠的状况。不，不是每个人现在就已经重度倦怠了。而是，我们中的大多数人都在工作中感受到了现实与自身理想相背离的张力，并且已经步履蹒跚了。何况我们当中已经有许多人都摔得很惨了。

这些剖图揭示了倦怠感之间的细微差别，单一维度的、要么有要么无的倦怠模型会忽略掉这些差别。它们可以帮助医生在临床上识别倦怠的部分形式，然后针对患者的特定需求进行治疗。剖图分析还可以帮助我们辨别，在特定场所工作或特定职业的人所感受到的倦怠与其他工作者有什么不同。例如，一项对法国心理学家的研究发现，该行业呈现出马斯拉奇倦怠量表的四个簇；愤世嫉俗、高度去人格化的倦怠类型则没有出现。正如作者所说，“的确很难想象一个精力充沛的心理学家，自认很有效率，却愤世嫉俗，还疏远自己的病人”[15]。换句话说，职业倦怠剖图证实了如下猜测：从事这一行业的人经受倦怠时，更有可能感到精力透支或心灰意冷，而不是愤世

嫉俗，因此没有必要专门为愤世嫉俗的心理学家制定一套治疗方案。

我的马斯拉奇倦怠量表得分是耗竭感高、去人格化中等偏高，个人成就感低，并不明显与五种剖图中的任何一个相匹配。不过，对比我的分数和莱特、马斯拉奇论文中的图表，乍一看，我可能符合劳累过度、心灰意冷或重度倦怠的剖图描述。我显然身心俱疲，不堪重负，但由于我的成就感极低—— 78
还记得吗，我给自己写了一封信，论证我根本不配获得终身教职——发生在我身上的事情绝不仅是劳累过度。

我们的文化对职业倦怠的讨论几乎只关注耗竭感。就连一些研究者也犯了这个错误。但是，对倦怠剖图的研究证实，耗竭感并不能解释一切。莱特和马斯拉奇警告说，如果研究者用马斯拉奇倦怠量表的耗竭维度作为职业倦怠的替代值，他们可能会把许多其实“只是”过度劳累的人也算作陷入倦怠。疲惫不堪的感受根本不同于倦怠谱系中其他类型的感受。在莱特和马斯拉奇的研究中，只有耗竭维度是高分的人往往对自己的工作量有非常负面的观点，但对工作的其他方面则没有什么抱怨。相比之下，符合重度倦怠剖图描述的人，对工作的方方面面都抱持消极看法。[16] 这一发现是个好消息；如果通过测评能识别出符合“劳累过度”剖图描述的工作者，那么他们的雇主就可以减少他们的工作量，有希望随着时间的推移，让他们免受更大的压力。按照同样的思路，倦怠剖图可以在事态恶化之前，帮助识别出那些虽无显著疲惫感，却由于工作压力而愤世嫉俗、渐生疏离感的工作者。

职业倦怠谱系中最常见的是“心灰意冷”剖图，它只表明在马斯拉奇倦怠量表的无效能感维度上得分很高（或者，意味着个人成就感这一维度上的低分，其评分机制是反向的）。与过度劳累、愤世嫉俗或重度倦怠的工作者相比，工作给这类人带来的负面感受相对温和。不过，与没有倦怠感的工作者相比，心灰意冷的工作者的体验还是不太令人满意。莱特
79 和马斯拉奇称，挫败感是一种“略差于中性的状态”。[17] 另一项研究指出，符合“心灰意冷”剖图描述的工作者“在健康上受到的影响较小”。[18] 因为挫败感看起来似乎没有那么严重的破坏性，所以很容易被忽视。事实上，研究者经常在设计调查时完全忽略了挫败感。妙佑医疗国际对美国医生倦怠状况的研究广受关注，但它根本没有考虑要衡量个人成就感。[19] 一个在欧洲很有影响力的倦怠模型，用的测试只测量了耗竭感和对工作的疏离感；无效能感不包含在这个模型里。[20]

但是，无效能感不仅是倦怠体验的重要组成部分，而且对于理解职业倦怠的社会影响而言，也起着至关重要的作用。无效能感是一场精神危机，是对自尊和意义感的打击。也许，无效能感本身造成的伤害要小于耗竭或愤世嫉俗，人们固然可

以带着低下的自我效能感，按部就班地进行工作。大约四分之一的美国工作者就是这么做的，他们反映说无法从自己的工作中发现意义的源泉。[21] 我想就这个统计数字停顿片刻。四分之一的工作者在工作中找不到任何意义。感觉自己没有用，也不觉得自己对社会有帮助或者发挥了自己的才能，没有实现什么个人目标的抱负。这样萎靡不振的工作者无处不在，但他们似乎集中出现在几种比较乏味的职业中。为美国退伍军人管理局（Veterans Administration）工作的研究者在一项研究中发现，“心灰意冷”剖图（他们称之为“没有自我实现感”）在退伍军人医院里的行政和采购人员身上尤为普遍，他们负责管理账目、订购医疗用品、维护医院的物理空间。[22] 换句话说，心灰意冷的医院工作人员很多都是那些几乎不会直面创伤和病痛的人，同时他们也几乎看不到癌症得到缓解，不会帮助妇女分娩，或亲眼见证被截肢者借助新的人造假肢迈出第一步。

无意义感和挫败感本身可能不会造成太大的伤害，但它 80
们会放大耗竭对身体的损害以及愤世嫉俗对道德的伤害。当工作已经让你筋疲力尽或变得铁石心肠，那么因它而感到挫败会使事情变得更糟。出于这个原因，退伍军人研究的作者认为，职业倦怠的负面体验，特别是其慢性症状，主要由无效能感驱动。[23] 这与马斯拉奇一直以来的观点形成鲜明对比，即职业倦怠通常始于耗竭感，工作者想解决这个问题才尽力在情感上与人保持距离。[24] 退伍军人医院里表现为“心灰意冷”剖图的工作人员，格外直言不讳地谈到，他们对缺乏晋升机会、缺乏认可和赞美感到不满。[25] 他们确实是被忽视的人。

心灰意冷的工作者觉得自己努力工作是白费力气。他们看不到自己的成就。他们的劳动成果可能是抽象的或转瞬即逝的。他们可能没有什么真正的工作要做。他们可能在主管考虑提拔谁时被直接跳过，甚或根本没有晋升的可能，又或者他们的主管也许几乎没有注意过他们的努力和成果。他们做的可能是人类学家大卫·格雷伯（David Graeber）所说的“狗屁工作”——连从事这些工作的人自己都怀疑它们根本不需要存在。这样的工作者可能只是做一些给选项框打钩的工作，或者是中介的中介，或者他们存在只是为了衬托他们的老板很重要。[26] 如果以为职业倦怠只是疲惫不堪，就认识不到我们中的许多人几乎整天都没做什么事，却感觉到自己的才能正在生锈，渐渐挂满蛛网。无用感对人造成的伤害往往是不可见的。它看起来不像是压力。一个心灰意冷的工作者可能看起来不像是过载烧坏了，因为他们从一开始就没被点燃过。但是，如果倦怠谱系像朱尔斯·安斯特的抑郁谱系一样，那么挫败感会导致工作者更有可能发展为耗竭、愤世嫉俗，最终陷入重
81 度倦怠。反过来，如若对心灰意冷的工作者而言，问题的关键

在于缺乏认可，那么，及时给予认可，就能避免以后发生更严重的问题。

徒劳感是我走向职业倦怠的大门；它是第一个症状，让我在开始全职教学的第一个学期，就哀叹教育是“一个不可能的谎言”。不过，这不意味着无效能感总是通往更严重的职业倦怠的第一步。这肯定对许多人来说都成立，但还有其他路径会导向倦怠。“心灰意冷”剖图普遍存在，或许表示职业倦怠是一种慢性病，工作者可以学着如何控制病情，但它也有可能急性发作。[27]

多年来，我一直设法控制自己的挫败感、疲惫感和愤世嫉俗的情绪，却没有意识到职业倦怠是个问题。当我对教育重拾信心时，我很可能有很长一段时间从倦怠谱系中解脱出来了。我看到学生在参加我设计的课堂活动时，已经能够学以致用。当我看着他们匆匆填写蓝色的考卷，偶尔甩甩酸痛的手时，我衷心为他们感到骄傲；他们如此努力，试图向我证明他们都已经学会了。有时，我甚至觉得阅读他们的论文是一种特殊待遇，他们在和我分享他们最好的想法。在这些时刻，我的理想和现实已经重归一致。然而，一切都只是暂时的。

在研究职业倦怠并对它进行更广泛的文化讨论时，我们也许忽视了无用感，因为社会并不接受你说自己工作没有效

果。无法胜任工作的人是失败者，而不是英雄。与之相比，过度劳累的工作者则体现出一种值得赞扬的理想。你要是说自
82 己因为工作而精疲力竭，就等于在说自己是个称职的工作者，维护了美国工作伦理的行为规范。实际上，你对工作如此投入，甚至为了它牺牲了自己。哪怕是去人格化也比无效能更被社会所接受。如果一个作风强硬、愤世嫉俗的人为了完成一项艰巨的任务而不拘泥于繁文末节，那他也是一种英雄，是电视上警匪片和医疗剧中的典型形象。

因为宣称自己过度劳累常常能得到社会回报，所以，我反对将它等同于倦怠，并主张把无效能感作为一个关键指标。重度倦怠折磨着 5%到 10%的工作者，他们在马斯拉奇倦怠量表三个维度上得分都很高，这让他们怀疑自己还能不能撑下去，而不会让这些工作者发现：是的，他们可以继续工作。这种“英雄”叙事的诱惑突出表现了，倦怠如何反映出美国人以坚定的个人主义和永无休止的奔忙为美德。我努力工作，直到我不能工作，但后来我突破了自己的极限，学会了更努力地工作！2017 年 Fiverr 的地铁广告就明目张胆地鼓吹这种叙事。Fiverr 是一个虚拟市场，为自由职业者提供小型、通常是低薪的临时工作。这个广告描绘了一名看起来业务缠身却又充满魅力的年轻女子，她直勾勾地盯着观众，旁边写着：“你把咖啡当午餐。你坚持完成一件又一件工作。睡眠不足是你的最佳

良药。你也能成为实干家。”她投向远方的目光完美地融合了野心与疲惫，既像是落在了一个遥远的目标上，又像是一个倦怠者向千里之外的凝望。

纵贯倦怠文化的历史，我们一直把过度诊断自己为职业倦怠来作为自我赞扬的一种手段。兰斯·莫罗在他 1981 年的文章中质疑了职业倦怠，他写道：“这个词精准地抓住了美国人夸张又自恋的习性：一种精神上的疑病症。这个概念暗藏了一种自我吹嘘，交织着一种难以明言的自我开脱。”[28] 研究者 83
阿亚拉·派恩斯和埃利奥特·阿伦森在 20 世纪 80 年代举办了多场关于职业倦怠的研讨会。他们提道：“当参加者意识到，最敬业的工作者也最深陷倦怠时，这就让他们能够承认倦怠而不感到羞愧或尴尬。”实际上，派恩斯和阿伦森发现，若是他们事先告诉工作者，理想主义者表现出更多的倦怠症状，那这些工作者就会在倦怠量表中得分更高。[29] 换句话说，如果倦怠是英雄式的殚精竭虑，那么雄心勃勃的工作者反而会渴望倦怠。在美国的工作文化中，精疲力竭并不全然是负面的；人们并不忌讳谈论自己劳累过度。真正的禁忌是，你承认自己不能胜任工作。

坦诚地说，因为我自己历经这么久的心灰意冷、愤世嫉俗与身心交瘁之后，最终选择放弃我的职业生涯，所以每当有人声称自己感到倦怠，却似乎并没有因此在职业上遭受什么不良后果时，我都会挑下眉。在我感觉最糟糕的那段时间，我的表现越来越差，我的健康状况也越来越差。我觉得我必须辞职，否则这将对我造成更严重的伤害。我曾为自己奔波忙碌，一边教书一边发表，还能同时领导多个教职工委员会而感到自豪。有人要求我做额外的工作，我也会很高兴地答应，特别是如果我有可能因此赢得一个好名声——这个人能够把这件事做好。是的，我是一个实干家。

但这一切并不是倦怠，而不过是倦怠的前奏。在我度完公休假回来的第一天，我并不感到疲惫，也没有对我的工作心存愤懑。那天早上八点有一个会，我早早地就到了，而且直到我晚上的课结束才回家。我非常兴奋能重回岗位，有这么多人都靠我来把工作做好。几个月后，我在电话里怒气冲冲地跟我的妻子大声抱怨一位学者，我认为他在会议招待会上冷落了我——这是愤世嫉俗。忽视需要批改的论文，不提前准备，把
84 课讲得沉闷拖沓——这是无效能感。经常早上起床才过了两小时就需要打个盹儿——这是疲惫不堪。

倦怠象征了地位和美德，这使之成为一个极具吸引力的自我诊断，它可以掩盖像临床抑郁症这样更常被社会污名化的严重问题。事实上，倦怠可能是抑郁症的一种形式。1974年，职业倦怠的教父赫伯特·弗罗伊登伯格写道，一个陷入倦怠的工作者“看起来、行动起来和表现得都很像抑郁”[30]。这

是他的一个不经意的观察，后来得到了科学的支持。心理学家欧文·舍恩菲尔德（Irvin Schonfeld）发现，抑郁症状和倦怠量表上的得分之间存在很强的相关性；实际上，相比职业倦怠的其他两个维度（愤世嫉俗和无效能感），耗竭与抑郁症的相关性更强。[31] 在一项研究中，舍恩菲尔德和他的合作者发现，美国公立学校中陷入倦怠的教师有86%也符合抑郁症的标准；至于那些没有职业倦怠的教师，只有不到1%的人符合抑郁症的诊断标准。[32] 这两种综合征都会影响日常生活，并且都以社交退缩和愤世嫉俗为特征。[33] 据此，舍恩菲尔德认为，与其把职业倦怠另当别论为一种独立的疾病，我们更应该把它当作抑郁症来治疗。这样做可能有利于说服工作者寻求能够帮助他们的谈话治疗或药物治疗。[34]

舍恩菲尔德的研究不仅挑战了其他研究者，而且挑战了我们痴迷于倦怠的文化。如果他是对的，那么我们关注职业倦怠，只会分散我们对另一个更基本的问题的注意力，而对于这个问题，心理学家了解得更透彻。我当然相信职业倦怠值得关注，不过，我也不认为将职业倦怠等同于抑郁症会成为一个问题，因为我把职业倦怠视作一张由几种剖图组成的谱系。如果职业倦怠有多种感受方式——劳累过度、愤世嫉俗和挫败感
是其组成部分，你就不会预设，倦怠的三个不同维度之间有很 85
强的相关性。我同意舍恩菲尔德的观点，因为真正的职业倦怠

远远超出普通的疲惫感，你不可能休息一段时间就痊愈。[35]通常，你需要在工作上做出重大改变，甚至或许需要辞职，才能从倦怠中恢复过来。我也认同，一个人要是出现了严重的职业倦怠症状，那他也应该检查有没有抑郁症。虽然谈话疗法和抗抑郁药对我的帮助都不大，但它们可能会帮助那些经受过与我一样的工作压力的人。

研究职业倦怠和抑郁症之间的关联是鼓舞人心的。它认真对待与工作相关的压力，并回击了只会妨碍我们治愈职业倦怠的宽泛定义。工作者的理想与职场现实之间的鸿沟会严重危害他们的福祉，阻碍他们的发展。而且，我们都很容易陷入理想与现实的拉扯。这是因为，就工作而言，在整个国家乃至全球范围内，我们共同的理想和现实已经分道扬镳。

第四章

倦怠时代，工作怎么变得越来越糟？

在我作为神学教授的职业生涯中，并不只有教学工作的 86
现实背离了我的理想。那时，我对学术生活满怀憧憬，醉心于设计课程，教学至少是我可以想象的工作的一部分。我从来没有想到还有一堆学院统称为“服务”的乱七八糟的任务：（据说）必须完成的委员会工作，不过有时候其实可以不做。我在大学工作的时候，曾于不同时期在课程委员会、改革课程的特设委员会、管理课程新试点项目的委员会、课程评估委员会、资格认证指导委员会、学校的传教委员会、讲座委员会和在线教育工作组任职。其中许多委员会还下设专门小组。有些时候，我是委员会主席，这意味着额外的责任而没有额外的报酬。另外，还有我们学院部门的日常工作。除此之外，我还是教学发展中心的主任。这些委员会最让我感觉，我梦寐以求的工作只是一份工作。

服务工作之所以这么令人恼火，不仅是因为事情多，而且它还需要与大学行政部门来回拉扯，教学和研究就不会这样。
87 这是你最有可能感到挫败的地方，而且真的是费力不讨好。每当我遇到的似乎是专横的行政障碍时，我都感到灰心丧气，甚至愤怒。我开始质疑，自己还有没有必要做得比工作的严格要求更好。好像不管我是否鞭策自己多做点，我得到的回报都是一样的。我有时会后悔自己不应该这么关心学校事务。我本可以少做很多事。

德国社会学家马克斯·韦伯的话奇异地给了我一点安慰。一个多世纪以前，他习惯性地质问那些有志成为大学教授的人："你觉得自己能年复一年，忍受一个又一个平庸的人晋升得比你高，而不感到愤懑不平，心灵不会扭曲吗？"学术界，就像其他许多职业一样，往往是不公平的。它假装会奖赏美德，然而辛勤工作多年，一夕遭逢厄运很容易就化为泡影：一个资助项目结束了，学术热点变化了，新的系主任更喜欢其他人的提议而不是你的。"不用说，"韦伯讲道，要是你问一个刚入行的学者面对不公平时有没有毅力坚持下去，"你总会得到同样的答案：当然能，我只为我的'天职'而活——但至少据我发现，只有少数人能撑下去而没有人格受损。"[1] 我曾是那些满腔热忱的年轻教师中的一员，相信学术界是公平的，即便它不公平，我的天职也会支撑我走下去。但事实并非如此。至少我不是唯一一个人格遭到伤害的人；如果韦伯说的是真的，那么一百多年来，学者们一直在经受同样的考验。

不公平且工作得不到认可的漫长历史，只是学术倦怠的一部分。在过去的50年间，学术界的工作经历了一些变化，这些变化也反映出许多行业的工作是如何变得回报越来越少、对心理的损害越来越重的。与20世纪70年代倦怠文化刚出现 88
时相比，现在大学里的行政人员要多得多。据统计，从1975年到2008年，美国最大的公立大学系统，加州州立大学系统里的行政人员数量增加了三倍还多，同期全职教师的数量只增长了百分之几。[2] 悖谬的是，非教学人员的增多并没有减轻教师的工作负担。如果非要说有什么变化，现在教师们为了合乎臃肿的行政部门的要求，反而要负责更多的文书工作。特别是在绩效考核的时候——也就是说，不是教学本身，而是评估教学的有效性——行政工作量急剧增加。强行让大学"像企业一样"运作，制造出更多的工作，而这些工作完全和大多数教师进入学术界要做的正事相脱节。

行政部门不断扩大，大学教学中全职、长聘轨的教师比例却在缩小。越来越多的大学老师不再是身穿粗花呢衣的终身教授，而是按学期聘用的兼职、临时讲师，他们带一个班的收入不到3500美元，没有福利，甚至可能没有自己的办公室。[3] 2018年，40%的教师是兼职的临时讲师，另外20%是研究生——廉价的临时劳动力的第二个来源。[4] 在过去的几年里，包括我在内，这么多拥有高学历的人报名从事临时工作，这一事实既证明了韦伯所描述的天职的力量，也证明了 1970 年代之后职业大环境的逐渐恶化。尽管临时讲师的工作条件很差，但它似乎是你目前能做的最佳选择，与你的专业技能和个人意愿最为匹配。

过去的几十年，国民经济各个部门的工作都变得压力更
89 大，回报更少。结果，我们不得不比以往任何时候都更努力地把工作和我们的职业理想联系起来。由于这桩不公平的交易是如此盛行，压榨员工看起来像是一种故意的人力资源战略：招聘、倦怠、裁员，循环往复。

大多数人都在为一个特定组织工作：商店、医院、学校、公司、警局，等等。每个工作场所的条件对于一个工作者是否会陷入倦怠都有很大影响。这些条件各不相同，而且两个工作者对相同条件的感受当然也会不一样。但是，如果把组织的工作条件比作地区的“天气”，它们其实由笼罩着工作的总体“气候”——也就是经济和文化的大趋势——所形塑。自 20 世纪 70 年代以来，美国的这种气候一直对工作者不利。在这段时期，一个通常被称为后工业（强调向服务工作的转变）或新自由主义（强调金融市场的力量日益增长以及组织化的

劳动减少）的时代，工作不只给我们造成了更大的心理负担，并且变得更加不稳定，与此同时，我们却越来越把它理想化。甚至 2019 年不光失业率创历史新低，美国经济中高质量岗位的比例也已降至自 1990 年研究人员开始跟踪这一数据以来的最低水平。[5] 简而言之，至少在过去的三十年里，工作就是变得越来越差劲。

工作要求变多而回报更少，有一个重要原因是，商业理论
已经把成本和风险从雇主那里转移到了工作者身上。受惠于
管制的放松和其他有利于资本所有者的政策变化，雇主现在
把许多工作者当成债务而不是资产。也就是说，根据 1970 年
代以后的理论，每个雇员都意味着一笔巨大的工资和福利成 90
本，而不是生产力的来源。于是，为了实现利润最大化，公司
应该一直寻求尽可能人数最少、最便宜的员工，就像它可能试
图找到租金更低的办公场所或更便宜的外包装一样。[6]

社会学家艾琳·哈顿（Erin Hatton）认为，雇佣成本的负债管理模型，起源于 20 世纪 50 年代的早期临时工行业。当时的广告塑造了“凯利女孩”（Kelly Girl）的形象，她是一个能干的、甚至充满魅力的待聘办公室职员。她并不要求高薪，因为工作只是她的消遣。她的丈夫被设定为养家糊口的人，所以她赚的所有钱都只是“零花钱”。[7] 在 20 世纪 60 年代末和 70 年代初，也就是在职业倦怠登上文化舞台之前的关键时期，临

时工行业迅速扩张，因为厂商都在宣传长期雇员懒惰又自满，即使在生意淡季，你也必须支付全职员工的工资。相比之下，临时工只在你需要她的时候出现，完成工作，然后离开。雇主不会看到，临时工不稳定又无法预测的工作如何危害着她的经济状况和精神状态。因为她不是正式员工，这些都不是公司要处理的问题。

随后的几十年，这种负债管理模型对雇主愈加具有吸引力，临时雇员成为理想的工人。如果他们都能成为临时工就好了！20 世纪 70 年代，企业开始把职员从发薪员工表上剔除出去，再以临时合同的形式重新雇用同样的工作者。[8] 这样，商业周期运转时，可以更容易快速而安静地“合理精简”员工规模。大规模裁减全职员工，肯定会遭人非议，而按规定解约临时工就不会引人注意了。[9]

不论规模大小，只要你在任何一个机构工作过，你就会知道这种“精简而高效”的人员配置方法会导致公司把业务外
91 包出去，而几十年前他们会直接雇人做这些工作。2014 年，美国最有价值的公司——苹果公司只直接雇用了 63 000 人。其他制造苹果的产品、打扫苹果的办公室和管理苹果运营的 70 万人是其他公司雇用的分包人。[10] 大学院校不仅依靠临时雇员进行教学，按常规还会把餐饮服务、维护工作和其他事项承包出去，因为管理者说，这些事务不属于机构的“核心竞

争力”。大学雇用竞标中出价最低的公司来监管这些工作，而外包公司再去雇用厨师、辅导员和 IT 技术人员，同时该公司也要为自己牟取利润。[11] 一家公司通过雇用一大批外包的合同工来确保一小批直接雇员的核心运作，可以把实际生产与更抽象的活动，比如品牌塑造和创新，分离开来；前者要消耗乱七八糟的成本，后者才被认为能够创造价值。接着，公司可以要求其承包商、特许经营商和供应商必须遵守某些标准，借以打造自己的品牌，同时避免“为这种品控造成的后果承担任何责任”，经济学家大卫·威尔（David Weil）写道。[12] 威尔称这种模式为“断裂的工作场所”。

这种模式对裂缝两边的工作者都不利。它规避劳动法，包括那些涉及最低工资和加班费的法律；它增大了工作的健康与安全风险；它导致生产力不是给劳动者带来回报，反倒是资本受益。[13] 合同工最后不仅工资更低，而且工作更不稳定。例如，大学在 2020 年新冠疫情期间封闭宿舍时，保留了正式员工，却迅速解雇了他们外包的餐饮服务业工作者。[14] 此外，
外包导致工作者夹在不同雇主之间，深感困惑。如果你是一家 92
医院的看门人，你的工资却来自第三方公司，那么谁才是你事实上的老板？你要对谁负责？你真正帮忙推进的是哪个组织的任务？

核心员工享有更大的安全感，但断裂化也给他们施加了

巨大压力。公司裁员是为了去除多余员工，提高劳动系统的效率，但是，正如商业经济学者泽伊内普·托恩（Zeynep Ton）所言，他们失去了处理突发事件的能力，比如疾病，或者仅仅是哪一天比预期中更忙。相比人手更充足时，每个人都必须更努力地工作，而且很可能效率更低。[15]

以叫车服务“优步”（Uber）为首的零工经济，更进一步把工作合同拆解到最小单位：单一的、个别的任务。“断裂”只是一种保守说法；零工经济实际上将工作场所变成散布在大片空地上的碎石。其结果是，雇主甚至更加藐视劳动者的基本权益。“优步”将自己定位为一家科技公司，而非运输公司，声称其司机不是雇员，而是其服务的消费者，就像乘客一样。“优步”和它的竞争对手“来福车”（Lyft）公开辩称，驾驶不是他们的核心业务活动，因此司机是外围的承包人，不是雇员。[16] 如果司机是承包人，那么这些公司就可以避免支付最低工资、员工福利和相关税费——换句话说，拥有一名雇员所带来的一切“负债”。此外，正如调查记者亚历克斯·罗森布拉特（Alex Rosenblat）的报道所言，“优步”利用其所谓技术公司的身份来掩盖不道德的做法：应付给司机的款项丢失是“故障”，明显的价格歧视则是算法的错误。[17]

用来包装“合同工作”的花言巧语强调自主权和独立性。
93 工作者不囿于一份工作；他们是只忠于自己的创业者，是按自己的方式行事的雇佣兵。临时工是“一个人的公司”，在风险中茁壮成长，为自己的成功（和失败）负全责。白领和蓝领工人，尤其是男性，欣然接受这种观点。[18] 零工经济再次把以微型合同为基础的劳动描绘成千禧一代时髦、自力更生的奔忙，进一步推动了这一趋势。[19] 尽管嘴上说独立，但打零工的工作者通常遭受着无所不在的控制和监督。例如，优步公司会监控司机安装在仪表盘上的手机振动，给司机每次驾驶时的加速和刹车打分。[20] 而且，由于零工的工资往往很低，工作者就有动机抓住任何空闲时间，继续完成下一个任务。要是他们试图退出公司的手机应用程序，精明的算法就会承诺，一笔利润可观的生意近在咫尺，只需轻轻一滑就是一份新合约。[21] 就像令人上瘾的视频游戏一样，这个应用程序引诱你再接一次单，再接一个任务。对于一个工作不稳定的人来说，忙碌的生活永远没有尽头。

风险从资本转移到劳工身上，只不过是1970年代以来劳动者处境的一个方面。另一个方面是，由制造业主导的经济转变成由服务业主导。正是在公共服务领域——免费诊所志愿者、社会工作者和公益律师在工作中需要处理大量复杂的人际关系问题——倦怠首次作为一种职业隐患出现。[22] 在过去的几十年里，美国和其他富裕国家有更多的工作类似于这些倦怠风险高的职业，潜在要求人们每时每刻都要把大量情感倾注在工作上。

94 自第二次世界大战以来，制造业经济一直在向服务经济转型。1946 年，美国三分之一的非农业从业人员靠制造东西谋生。1973 年，劳动力达到顶峰、职业倦怠首次得到心理学家的关注时，制造业大约雇用了美国四分之一的工作者。2000 年，它雇用了 13% 的工作者，而在我写这篇文章时，只有不到 9% 的工作者从事制造业。[23] 通常在经济衰退之后，失业会一波接一波地发生。在 21 世纪初以及后来 2008 年至 2009 年，每年都有一百万个制造业工作岗位消失。[24] 得益于高技能人才和包括自动化生产线在内的高效科技，美国制造业的生产力一如既往的高。[25] 它只是不再依赖很多人进行生产。

美国的工作者不再制造东西，转而售卖东西。2018 年，零售业销售员是美国最常见的工作，收银员排在第三名，第七名是客户服务代表，服务员位居第八。[26] 这类销售工作都要求一种“为客户服务”的心态：为回应和完成他人的愿望做好准备。即使我们不做销售，我们也要照顾对方在商业上、教育上或健康上的需求。在所有这些工作中，我们交谈，我们倾听，我们进行目光接触，我们想象和预测他人的心理状态，我们批评但不能冒犯他人，我们要安抚他人。我们的性格和情绪现在是主要的生产资料。

因此，雇主对员工的心理习惯和情绪习惯施加了愈加隐蔽的管束。用政治哲学家卡蒂·威克斯（Kathi Weeks）的话说，老板们可以“根据员工的态度、干劲和行为”，雇用、评估、提拔或解雇他们。[27] 这意味着员工的情绪是可以商量的；雇主租用这些情绪，让它们轮班工作，并在此过程中改变它们。例如，根据阿莉·拉塞尔·霍克希尔德（Arlie Russell Hochs- 95
child）在 1983 年关于情绪劳动的经典研究《心灵的整饰》（*The Managed Heart*）所述，空姐们发现就算在轮班结束后，她们也很难摘下那张一直微笑、乐于助人的人格面具，这被雇主称作她们的“最大资产”。[28] 结果，这些空姐渐渐与那些对她们工作以外的身份来说不可或缺的情感疏远了。当情绪对于公司盈亏至关重要时，工作者内心生活中与公司目标背道而驰的方面就必须被“纠正”。一家网络媒体咨询公司的员工，如果疲于应对工作在精神上的各种要求，就会被公司的士气团队约谈，这个团队的奥威尔式*使命就是帮助员工“修正他们的感受”。[29]

后工业经济不仅见证了制造业随着服务业的发展而衰落，而且改变了现存的蓝领工作，在今天，他们也需要白领的服务

---

* 奥威尔式（Orwellian）这个形容词源自乔治·奥威尔（George Orwell）的小说《一九八四》，这本书描述了一个极权主义社会对人们无所不在的控制和监视，并通过歪曲真相、篡改事实来维持统治。“奥威尔式”通常用于指代政府或组织试图控制人们的思想和行动的行为。——译者注

伦理。其中一个变化是“专业精神”的扩展，不管是警察、卡车司机、护士还是教授，这种规范把每个人同时往两个不同的方向拉扯，要求人们在情感上找到一种微妙的平衡。[30] 正如威克斯所说，“一个专业的人既能全身心都投入到工作中，又能在面对难相处的同事、委托人、病人、学生、乘客或顾客时，不将其当成私人恩怨”[31]。专业，意味着你心甘情愿放弃休息日，在呼叫中心加班，但当打电话的人由于自己造成的问题而厉声斥责你时，你却要保持礼貌的态度。这种奇怪的、自相矛盾的精神状态——你把自己和工作融为一体，但又不能太融为一体——是一种后工业时代的创新，它通过改变工作者的一部分自我来控制他们，一如早期工业时代创造了我们现在认为理所当然的时间纪律，一个会议要是晚开始了两分
96 钟，我们就会感到焦虑不安。“专业精神”给工作者施加了新的压力，把他们的自我更多地暴露在工作逻辑与工作条件的威胁下。

后工业化的商业理论也让蓝领工人更像雇用他们的白领一样思考。丰田公司开创了一种参与式管理模式，每一辆汽车都由一个小型的工人团队组装，他们向上级提出对工艺流程的改进建议。丰田的成功促使美国工业在20世纪80年代和90年代也采用这种方法，向工人的心灵施加新的纪律。[32] 一个关键的转变是让工人们抛开传统工业范式多年来灌输给他们

的“小时工作观”，开始视自己为“新秀管理者”，能如社会学家维琪·史密斯（Vicki Smith）所写的那样，“跨越自我，激活其人力和文化资本，以提高质量、创新力和效率”。[33] 有一家木材厂做了这种调整，一位在这工作了很久的工人向史密斯解释说，过去，“我们来到这儿，做我们的工作，然后回家，仅此而已。老板支付我们薪水，可不是让我们思考的”[34]。换句话说，工人们可以保护他们的心灵免受工作的影响——包括明确的时间表和他们工会与管理层的合同在内，强有力的、一目了然的、外部强加的界限，强化了这种脱离。

史密斯称，在大多数情况下，制造厂的工人愿意接受这种更具参与性的管理模式。如此，他们对于如何生产更有发言权。但是，与此同时，他们也承受了矛盾的新负担，他们的职责更深地侵入他们的心灵。在旧有的工业模式下，根据以前的合同，工人们不必给出自己的许多判断。他们不需要对工厂的财务健康、客户满意度或生产效率负责。随着劳动合同的效力 97
弱化，根据参与式管理的政策，工人们在某些方面获得了更多自主权，但他们现在“即使没出现具体问题，也要不断进行头脑风暴”，因而倍感压力。而且，因为他们的主要任务变得更为抽象，所以他们要做很多看起来像在“瞎忙活”的事情。[35] 新制度还要求工人承担更多的个人责任，维持工作和个人生活之间无形的内在界限。

没有人能够完美地保持这些界限。当你的工作利用的就是你的个性时，你几乎无法把工作与个人生活分开。工作要求的纪律会蔓延到你的家庭和公民生活中。其结果好坏参半。史密斯研究了一家复印公司，对于其员工而言，学习自我管理意味着要适应断裂的工作场所对智识、情绪和想象力的要求；工作者必须不断调和他们直接雇主的标准与他们的客户——一家大型律师事务所的企业文化和期待之间的冲突。这些低薪工作者表示，他们非常重视自己在沟通和解决冲突方面所获得的培训，并已经将之套用在个人生活的其他方面，包括他们的家庭。但是，因为这份工作，他们也渐渐习惯后工业时代的企业要求他们在角色和时间安排上具有灵活性。管理人员一直派遣他们去不同的工作地点，致使他们无法与同事形成工作关系（或组织）。[36] 因为你不能像换掉工作服那样轻易改变你的工作心态，你的工作想要你成为什么样的人，你往往就会成为什么样的人。

98 1970 年代后，职场上的这些大趋势——雇佣关系日益断裂且愈加不稳定，要求经营人际关系的职业越来越多，以及工作对蓝领工人内心生活的不断殖民——为倦怠滋生创造了完美的条件。如果工作者不得不从事情绪劳动，例如压抑负面情绪并展现出令人愉悦的专业精神，那么他们就更有可能表现出倦怠症状。[37] 此外，不断裁员的公司增加了余下员工的压力。他们的工作条件越来越差，越来越偏离他们最初希望通过工作能为自己和他人实现的目标。他们拼尽全力同时抓着自己的理想与日常工作的现实不放，这让他们在倦怠谱系中越滑越深。

正如我们的日常生活更直接地受到天气而非气候的影响一样，工作者陷入倦怠的风险主要取决于他们的具体工作场所。当然，气候变化会影响天气，比如达拉斯的居民更有可能在 11 月的某个星期二觉得需要穿短裤和凉鞋。但让我们做出反应的条件——无论是气象条件还是工作条件——都是在地的。

工作条件和理想之间的差距通常出现在几个具体方面。马斯拉奇和迈克尔·莱特确定了工作者最常感到“人与工作不匹配”的六个方面：工作量、掌控权、奖励、集体、公平和价值观。[38] 这种不匹配转而导致工作者更有可能产生倦怠感。这里有一个要点，即倦怠并不仅仅由工作过量导致。工作量你也许能够应付得来，但如果没有人认可，或者你无法控制它，又或者你所做的事情与你的个人价值观相冲突，你仍然有可能落入倦怠谱系内。如果你遭到不公平的对待，或者你们同 99
事之间的集体感溃散了，也是一样。

杰西卡·萨托里（Jessika Satori）是一名企业家，做过从服装设计到信息管理等各种不同的工作。当她在华盛顿州塔科马附近的一所大学担任商学教授时，对她而言，集体是她这份工作的制轮楔。一旦这根销钉掉了，车轮就会脱落。萨托里告诉我，她刚开始工作时，对学生全情奉献，而且她在院系里也得到了支持。有两名教师，都是女性，她们有一个传统，就是不管下雨还是晴天，每周都要一起在校园附近的湖边散步两到三次。萨托里刚来，她们就邀请她加入。萨托里描述了一个“仪式”：脱掉高跟鞋，穿上网球鞋，沿着林间小道散步。

绕着湖走一圈需要 45 分钟。这给了每位女性 15 分钟的时间成为对话的中心。在前 5 分钟里，“你只是发泄，”萨托里说，不管问题是出在学生身上还是学校的终身教职评委会上，“你可以根据自己的需要，想多大声就多大声，想多情绪化就多情绪化。”另外两个人会倾听，然后花 10 分钟时间提供建议、支持和指导。萨托里的同事都比她资历深，但她们把她视作一个可以贡献宝贵观点的同辈。散步“让我们能够实践我们所宣扬的处理冲突或人际关系的方法”，她说，“我们都在为彼此做示范。”

一年后，萨托里被调到大学的另一个校区。她仍然对学生非常投入，但她已经失去了她的导师和她们的仪式。她回忆说，“我试图只为这个终身教职做事，但这并不奏效”。她失
100 去了使工作成为可能的共同体。这位富有企业家精神的进取

者开始连下床都感到困难。她在新校区待了一个学期后就辞职了。不过，后来她把这一经验带到工作中，成为一名生活教练和精神导师，帮助人们在人生的过渡时期找到方向。

1997 年，马斯拉奇和莱特提出，工作的六个关键方面，每一个方面的状况都在恶化，造成工作“危机”。他们认为，这场危机的根源在于全球化、科技、工会的衰落，以及金融在指导企业决策方面日益重要的作用。[39] 几十年过去了，这场危机仍在把工作场所变成制造倦怠的工厂。在 20 世纪 70 年代后的就业大环境下，在工作者最能感受到理想与现实之间存在张力的领域，状况甚至进一步恶化。雇佣成本的负债管理模型和金融力量在新自由主义时代的增强，对这一趋势负有很大的责任。

许多行业的工作量更大，工作强度更高——特别是在美国，即便其他富裕国家的工作时间已经逐渐减少，美国的工作时间却仍然很长。[40] 有一半的美国工作者反映，他们在空闲时间也要赶工作；10% 的人说他们每天都得这样。[41] 与此同时，按实际价值计算，工资自 1973 年以来一直持平，这意味着所有的工作都没有带来更大的物质回报。[42] 虽然一些蓝领工人通过参与式管理获得了一定程度的自主权，其代价却是强度更高、对个人更具侵略性的工作量。而其他制造业、零售业和运输业的工作者越来越多地受到监视的侵扰，这严重限制了他们在工作中的自主权。[43] 断裂且不稳定的工作场所暗中破坏了集体和公平，因为每个工作者都成了一个孤立的承包人，在他们服务的机构那里几乎得不到认可或晋升的机会。
101 例如，亚马逊公司开出的薪资一直很低，并且通过给予许多临时工作者努力工作就可以成为直接雇员的光明前景，来控制他们。然而，只有 10% 到 15% 的工作者真的得到了提拔。[44] 职场的断裂化也加剧了“角色模糊”，这是导致员工倦怠的一个因素，削弱了他们对工作的掌控权。[45] 而且，不断引入管理视角，会使得服务人员的价值观与提高效率和股东价值的要务发生冲突。

一方面工作不断增多，强度也日益加大；另一方面，也有证据表明，工作变得越来越琐碎且毫无意义，强迫工作者把时间和精力花在不重要的任务上。人们在工作中所做的许多事情仅仅是行政上“走个过场”，要么就是对公司实际产出的补充，就像我是大学教授时要做的教学评估。想想维琪·史密斯采访过的工厂工人，他们给自己加活儿，以证明自己是有效的自我管理者。这种工作是大卫·格雷伯理论所说的“狗屁工作”的典型。狗屁工作是一个骗局；它们看起来像是工作，但不能实现任何社会价值，而且做这件事的人往往自知如此。格雷伯怀疑“我们的社会中，至少可以取消一半的工作，而不会在实际上造成任何影响”。[46] 没有意义的工作仍然是工作；它可以像真正的工作一样让你疲惫不堪。不仅如此，恰恰因为狗屁工作毫无意义，才使这一现实与工作者可能怀抱的任何理想相抵牾。他们本想教书，或为集体服务，或销售人们需要的产品，最终却陷入了行政琐事的泥潭。这种侮辱致使狗屁工作极易演变为职业倦怠。

有一个至关重要的行业，同时遭遇了过度工作、狗屁工作 102
和管理主义的问题，职业倦怠的现象十分严重：医疗行业。如果医生陷入倦怠，整个社会都会遭殃。新冠疫情增加了处理重大疫情暴发的医生的工作量，却也缩减了非应急医疗处理的医生的工作时间（和工资）。[47] 通常情况下医生的工作时间往往很长。根据 2017 年的一项调查，威斯康星州一个医疗系统下的家庭医生平均每天工作 11.4 小时。[48] 2019 年的一项研究发现，全美国有 38.9%的医生反映，他们每周工作超过 60 小时，而在其他行业中这一比例仅为 6.2%。[49] 同一项研究发现，与一般工作人群相比，医生中出现情绪耗竭和去人格化（或愤世嫉俗）的比例明显更高。而且有证据表明，情绪耗竭的工作人员所在的重症监护室的标准死亡率更高。换句话说，当医生和护士过度劳累时，病人更有可能死亡。[50]

我每次去看医生时，总是对他们从容、友善且无微不至的照顾印象深刻。他们表现出一切都好的样子。但是医疗工作的现实往往是一个个接连不断、相互冲突的挑战。正如医生丹妮尔·欧瑞（Danielle Ofri）所描述的：

> 你正在参加女儿的独奏会，却接到电话说你的老年患者的儿子急需和你谈话。一个同事家里突然出了紧急状况，医院需要你连上两班。你的病人的核磁共振不在保险范围内，唯一的选择是你给保险公司打电话，争论不休。你只有15分钟的出诊时间，但病人的病情需要45分钟的医疗处理。[51]

103 除了这些困难，医生们还要花费大量的工作时间做数据录入这种几乎不需要医学学位就能完成的任务。如今，医生每天花在电子健康档案与通信上的时间——记录检查、审查实验室结果、订购药品——几乎是他们与病人面对面交流时间的两倍。[52] 医生花越多时间做电子病历，就越有可能出现倦怠的迹象。[53]

因为倦怠感来自理想和现实之间的差距，所以那些整天坐在电脑前的医生经常感到倦怠，也就不足为奇了。没有哪个胸怀大志的医生会在他们的医学院申请书里写，他们对电子健康档案充满热情。密西西比州的内科医生萨姆纳·亚伯拉罕（Sumner Abraham）告诉我，他在指导住院实习医生时，常常看到这些新来的医生在理想与现实的鸿沟间挣扎。“他们感觉失去了目标，因为这不是他们报名受训的目的。他们报名是为了有大量时间与人相处，获得一份稳定的收入，周末还能休息，”他说，“相反，他们一小时才挣九美元，大多时候都在晚上和周末工作，而且只是坐在电脑屏幕前。”他们变得疲惫不堪，郁郁寡欢。亚伯拉罕说，这种疲惫并不是因为工作过多，因为在过去的二十年里，医学界已经缩减了住院医生过长的工作时间。相反，住院医生身心俱疲是因为“他们找不到自身存在的定义”，他说。

医疗实践中的商业化和科层化特征越来越多，更加剧了医生们所感受到的冲突，因为它将关怀病人与最小化成本对立起来。妙佑医疗国际的研究员莉泽洛特·迪尔贝里（Liselotte Dyrbye）在2019年告诉《华盛顿邮报》：“这个系统是为收费
而建立的，而不是为了照顾病人。”[54] 欧瑞同样认为，临床医 104
生通过自己挤出时间和精力，来弥合自身原则与雇主要求之间的差距。“如果医生和护士在带薪工作时间结束后就打卡下班，将会对病人造成灾难性的影响，”她写道，“医生和护士知道这一点，这就是为什么他们不会逃避加班。这个医疗系统也知道这一点，并利用了这一点。”[55]

然而，所有额外的工作甚至可能没有任何成果。外科医生和作家阿图尔·加万德（Atul Gawande）观察到，像对过度诊断

或基本无害的小病进行化验和治疗，许多这种医疗工作没有任何净健康效益。更糟糕的是，这种额外的“护理”往往给病人造成不必要的、有害的压力。加万德引用了2010年的一项研究，据该研究估计，30%的医疗保健支出是一种浪费。[56]换一种说法就是，30%的医疗保健工作是毫无意义的。即使你不只是被困在笔记本电脑前，即使你整天都在工作，你给病人做没必要的检查和处理，也是在开一个让你觉得自己很没用的处方。

我们很容易同情医生、护士和其他致力于照顾我们的临床工作者。至于医院或保险公司的行政人员，他们的遭遇就很难让我们感同身受了，尤其当我们因为被多收费而需要与其交涉时。可是，这些行政人员——他们的队伍从1970年至2018年增长了近10倍——其理想也被他们的工作挫败。[57]事实上，在退伍军人事务部下属的医院里，行政人员比医生更有可能处在倦怠谱系内。（与之处于同一工资水平、餐饮服务或后勤等行业的工作人员也是如此。）正如我在上一章提到的，与临床人员相比，行政人员更有可能表现出心灰意冷型倦怠剖图，这表明他们有深深的无效能感。[58]他们看起来并不像英雄般的救世主，但他们被困在同样糟糕的公司体系里，受制于同样的倦怠文化。

后工业时代不断变化的工作气候造就了笼罩我们工作场 105
所的阴沉“天气”。不过，即使两个人在同样的条件下工作，他们也不一定都会陷入倦怠，就像同一场雨，不同的人会有不同的体验。一个人可能带了一把伞。另一个人可能有过敏症，一旦环境潮湿就会复发。还有一个人或许单纯就喜欢雨天。虽然经济因素在很大程度上促成了职业倦怠文化，但我们的心理特质的确对我们陷入倦怠的可能性有影响。例如，倦怠与心理学家称之为神经质的人格特质相关。也就是说，情绪波动大、容易焦虑的人（例如本书的作者）更容易出现倦怠感，而积极进取的 A 型人格者格外容易精疲力竭。[59]

职业倦怠也有其人口统计学模式，但并不都像你可能预想的那样。例如，你也许以为，由于压力似乎会随着时间推移不断累积，年长的工作者会比年轻的工作者更有可能出现在倦怠谱系内。我当初在全职教书时，并没有怎么考虑过职业倦怠，但我把这个词与衰老联系起来；陷入倦怠的人都是老化石，是那些历经几十年逐渐石化的教师，他们被埋在成千上万的考试和论文之下。但事实上，纵观各个行业，职业倦怠在处于职业生涯早期的工作者中更为普遍。年轻的医生比年长的医生更容易出现倦怠症状。[60] 而职业倦怠很可能是导致教师在入职初期离职率高的一大因素。[61] 这是一个长期存在的现象。马斯拉奇在 1982 年观察到，处在职业生涯早期的社会服务工作者，与他们更年长的同事相比，倦怠程度更高。[62]

106 鉴于理想在职业倦怠的发生中所起的作用，更年轻的工作者尤其容易受其影响，也是有道理的。你刚工作的前几年，特别如果是一份让你具有使命感的工作，那你的理想很可能在此时最为高远。接着，工作的现实给了你当头一棒，就像萨姆纳·亚伯拉罕提到的住院实习医生深受现实打击那样。如果你的经历和他们类似，那么每一天都是死守着理想与现实、在二者之间苦苦挣扎的一天，它们渐行渐远，让你越绷越紧。如果你坚持不下去，那你可能会辞职，换一个现实与理想更一致的工作。经历了最初的考验后还能留下来的人，无论出于什么原因，都能设法牢牢平衡好二者。也许他们从一开始理想就没有那么远大。或者他们足够幸运，有稍微好点的工作条件。抑或是，他们有一种罕见的适应力。无论是哪种情况，用马斯拉奇的话说，他们都是“幸存者”。[63]

除了一个人的适应力或年龄，美国社会生活中广泛存在的不公正现象——种族主义、性别歧视和对同性恋的憎恶——也可能加剧倦怠。显然，边缘人群在工作场所会承受额外的压力。类似地，我们也能想到，歧视会加重人们在工作中面临的其他压力。一些著名的研究的确表明，同一行业中，女性陷入职业倦怠的比率高于男性。例如，在医生中，女性表现出高度耗竭或愤世嫉俗的可能性要比男性高出30%。[64] 一个可能的原因是，女医生比男医生面临更多来自病人和同事的歧视、虐待和骚扰。在一项研究中，住院医生要是报告遭受过这种不公平的对待，那他出现倦怠症状的可能性超过两倍，而且女性称自己受到不公平对待的可能性要比男性大得多。[65]
此外，职业倦怠的性别差异可能是因为女性工作者必须经常 107
在家里上“第二轮班”，做家务，带孩子。[66] 不过，职业倦怠和性别之间的关联并非定论。许多研究表明，职业倦怠在男女之间没有差异，而且我们无法在由单一性别主导的职业中很好地做比较。[67] 研究人员还发现，女性通常在马斯拉奇倦怠量表的耗竭方面比男性得分高，而男性在去人格化方面得分更高。[68] 这种差异导致一些研究人员怀疑，是不是因为马斯拉奇倦怠量表在检测耗竭时更加灵敏，才显得女性更常陷入职业倦怠。[69]

不管职业倦怠的发生率是否存在性别差异，女性的工作体验是一个重要指标，说明 20 世纪 70 年代以来，职业倦怠已经扩散到整个劳动力队伍中。近几十年来，世界各地的工作场所已经“女性化”，这在某种意义上意味着，更多的女性在家庭以外的地方工作赚钱。这也意味着在后工业时代，有更多工作类似于传统上“女性的工作”，即那些要求投入大量关怀、伴随沉重的情绪劳动的人际和办公室工作。在一个性别歧视很常见的社会里，这意味着更多的工作者（包括男性）从事那些通常被归类为“女性”做的工作时，受到的尊重会更少。在经济学家盖伊·斯坦丁（Guy Standing）看来，这是“几代人努力将妇女平等地纳入正规的雇佣劳务”的一个具有讽刺意味的后果。女性获得了更多的工作机会，但其中一个主要原因是，男性开始呈现出“与女性相关联的就业类型和劳动力参与模式”。[70] 也就是说，所有工作者都遭遇了与女性在20世
108 纪中期做临时雇员时类似的工作条件。临时工的典范是一个年轻、热诚的“凯利女孩”，她（据称）不需要工资过活，甚至不想要更固定的工作。雇佣的负债模型和断裂的工作场所，对后工业时代的工作大环境负有很大责任，它们在根本上依赖于一种性别化的劳动观：男性作为养家糊口的人，理应得到稳定、高薪且有晋升机会的工作；而女性从事有偿劳动，对家庭收入来说只不过是赚个外快，所以她们不配升职加薪。这种观点还内含种族色彩，因为美国的黑人女性传统上就业率很高，她们常在白人家庭做家务佣工，急需赚取工资贴补家用。[71] 一旦女性临时工成为管理者眼中的常态，男性劳动者就成了价格高昂的债务，于是公司开始削减固定工作岗位，把其他所有工作外包出去。就在越来越多的女性进入劳动力市场的同时，许多男性工作者的地位被女性化。用记者布赖斯·科弗特（Bryce Covert）的话说：“我们现在都是女性工作者，我们都为其所苦。”[72]

职业倦怠与种族的关系同样复杂。工作回报不足导致倦怠。在美国，黑人和拉美裔工作者的收入明显低于白人和亚裔美国人。[73] 种族间的工资差距也与性别间的工资差距交织在一起，从而，黑人女性的平均收入低于任何其他人口群体中同等资质的成员。[74] 此外，正如诗学教授蒂亚娜·克拉克论及黑人倦怠时所写，有色人种的工作者能感受到，他们的每一个行动都会受到额外的仔细审查。克拉克写道："对于黑人而言，设定界限可能会让你失去工作乃至生命。如果我不回复一封电子邮件或者没参加我所在大学的一场院系会议，那我要承担的后果可能与千禧一代的白人男性同事不同。"[75] 克拉克说，种族差异在社会范围内广泛向人们施加压力，而在工作中，它以微妙的形式潜伏着，尤其当它与性别差异交汇时。她 109
不仅要自我管理，还要照顾她身边白人的情绪和反应，与此同时她还要尽力展现出一种不屈不挠的能力——大家不期待别人有，唯独期待她有这种能力。

然而，讨论种族在职业倦怠中的作用，已经触及当前研究的极限，而且很难得到明确的答案。很少有研究会考虑职业倦怠和种族之间的关系。即使有些研究考虑到了这一点，其结论也相互矛盾。它们显示，与美国的白人工作者相比，黑人工作者职业倦怠的发生率既没有更高，程度也没有更严重。[76] 这些研究表明，对于职业倦怠而言，工作条件和个人应对方法所发挥的作用比种族更大。在一项研究中，同是精神疾病个案管理师，黑人比白人表现出程度更低的情绪耗竭和去人格化；在另一项研究中，黑人儿童保育员在去人格化方面的得分比白人同行更高。[77] 不过，对儿童保育员的研究发现，应对策略和职业倦怠三维度的相关性比种族更强。不论是什么种族，如果工作者采取回避策略来处理压力，比如拒不承认或抽身而出，就最有可能陷入职业倦怠。[78] 研究人员调查蓝领工人的工作场所时，也有类似发现。基于 20 世纪 90 年代的数据，一项针对旧金山城市铁路交通运输系统的公交车司机和火车操作员的研究发现，在这个种族多元的劳动力队伍中，职业倦怠和种族之间没有统计学上的相关性。[79] 相反，研究人员发现，如果司机报告过他们在工作中遇到了困难——包括遭到不公正的对待、遇到麻烦的乘客乃至发生事故等各种问题，或者有像座椅不舒服或车辆有震动这样的人体工程学问题，那么他们的倦怠得分也更高。[80]

110 心理学家和其他研究人员需要对职业倦怠与种族的关系问题，包括它与其他身份分类的交叉给予更多的关注。纵观美国历史，直到今天，还有非常多有色人种的工作者做着被人轻视的工作，并经常被排除在本可以改善其工作条件的劳动保护法和相关措施之外。[81] 很难想象，这段历史和今天的现实能对职业倦怠没有影响。同时，我们需要牢记，倦怠与压迫不是一回事，也不单纯是衡量你的工作有多糟糕的指标。它是一种工作现状与理想显著偏离的体验，而这些理想本身就与社会不公正有牵连。在我们对这一主题展开更深入的调研之前，就现有文献为什么没有显示职业倦怠和种族之间存在明显关联的问题，评论家只能做出一些合理推测。一些种族的工作者可能由于长期受到歧视，对工作的期望通常比其他群体低。政治学家戴文·菲尼克斯（Davin Phoenix）写道："对于许多非裔美国人来说，他们终日劳碌，只能勉强糊口，而精英阶层却靠着他们的辛劳发家致富的图景，并没有违反社会常态——那种他们觉得自己有权享有的、令人满意的社会常态。相反，这一图景描绘的就是社会常态。"[82] 因为职业倦怠在一定程度上是一个和预期相关的问题，这种已经调整过的期望或许降低了职业倦怠的特定风险，然而工作者实则遭受着其他形式的不公正对待。

对职业倦怠的调查也有可能错误地假设，不同种族的人都以同一种方式感受或反映倦怠症状。这也许可以解释，为什么非裔美国人报告自己感到抑郁或焦虑的比率低于美国白人。[83] 这可能是因为研究人员衡量精神疾病的方式偏向于白人的表达方式，所以白人表现出更高的精神疾病患病率。沿着 111
同样的思路，不同文化背景的人对压力的感受方式也可能不同；毕竟，压力本身既是生理现象，也是一种文化现象。因此，我们不得不考虑这种可能，即研究人员制定像马斯拉奇倦怠量表这样的调查时，采用的方式导致他们更容易发现白人的职业倦怠。正如蒂亚娜·克拉克所称，黑人的职业倦怠可能有所不同；我们也许需要改变测量职业倦怠的方式，才能更全面地看待它。

再回到人们最常在工作中感到压力，进而陷入职业倦怠的六个方面，我从中看到自己研究和教授伦理学多年来十分熟悉的语汇。工作量和奖励，代表了你对工作的投入和你得到的回报。二者间的关系是一个正义问题，即得到你应得的东西。公平也关乎正义。自主权对于道德责任和行动而言不可或缺。集体是我们道德行动的人文环境，是我们道德规范的来源。而价值观则渗透在我们道德生活的各个方面。

正义、自主权、集体、价值观，这些都是道德的基本组成部分。当它们在工作场所缺席或受到破坏时，员工很可能会感到自己被理想和工作现实之间越来越大的差距拽得越来越紧，他们更有可能变得疲惫不堪、愤世嫉俗，并丧失成就感。这意味着，职业倦怠从根本上说，是我们对待彼此的方式的失败；它是道德的失败，是我们文化中行为规范的失败。人们陷入倦怠，是因为我们在组织机构中没有提供他们想要或应得的工作条件。

陷入倦怠的工作者固然是这种道德失败的受害者，但当 112
他们不能拿出自己的最佳表现时，也成了它的同谋。对学生而言，我不是一位称职的老师。身心俱疲、灰心丧气的医生无法为其病人提供最好的护理。任何因倦怠而愤世嫉俗的人，很可能不把同事和客户当成完整的人来对待。低质量工作戕害的，不只是工作者自己。

尽管如此，工作条件更好，并不总是意味着职业倦怠风险更小。想想医生。他们享受着高薪，深受公众尊重，然而他们在职业倦怠量表上的得分仍然明显高于普通人。近几十年来，医疗工作确实越来越耗时耗力，但是问题不在于医生工作的客观条件很差。问题是，这些条件与他们的理想不一致。丹妮尔·欧瑞指出，她的同事们具有照顾病人的奉献精神，他们愿意“为病人做正确的事情，即使他们个人要付出高昂的代价”，这是鼓舞他们在医院做一切工作的理想。可是，在一个医疗管理日益商业化的时代，“恰恰是这种道德观每天都在被利用，以维持企业的运转”[84]。

工作条件只是拉扯着我们，导致我们陷入倦怠的那条鸿沟的一面。另一面是我们的理想。它也是一个道德问题，因为理想是激励我们借由工作追寻美好生活的原因。由于这种理想得到了广泛认同，它们也就构成了我们文化的一个方面。五十年来，工作条件逐渐恶化，我们怀抱的工作理想却越来越高远。

第五章
工作圣徒和工作殉道者：我们的理想出了问题

113 谈到工作，富人的行为最不合常理。在我们的社会中，他们最没必要赚更多的钱，却工作得最多。身价亿万的科技行业巨头们，吹嘘他们每周工作上百小时，尽管他们的劳动并不能提高公司的股价，让他们更有钱。高学历的美国人有平均最强的赚钱能力，但与受过较少正规教育的人相比，他们工作更多，休闲时间更少。富人家的孩子做暑假工的可能性是贫家子弟的两倍。此外，美国许多上了年纪的专家已经积攒了足够的退休金，却还坚持去办公室继续工作。[1]

同时，工作太少造成的痛苦不仅仅是物质上的，还有心理上的。对于工人阶级的白人男性而言，没有一份稳定的工作，就算不上是一个值得尊敬的男人。结果，抑郁症、成瘾和自杀现在成为未受过大学教育的白人男子间的普遍现象，令人担忧。[2] 尽管教学工作是我陷入倦怠的罪魁祸首，但没有它，我感觉生活没有了目标，于是在辞去全职学术工作后不到两年，我就做了一名兼职的临时讲师，每门课只能挣几千美元，这只是我以前收入的零头。 114

这一切都证明，我们工作不仅仅是为了钱。包括志愿者、父母和忍饥挨饿的艺术家在内，许多人的劳动根本没有报酬。即使一些工作者并不富有，确实需要他们工资的每一分钱，也经常说这不只是钱的问题。他们做这份工作是为了爱，为了公共服务，或为集体出一份力。他们工作不仅仅是为了物质利益，更是为了理想。

我在上一章调研了日益恶化的劳动条件，说明与 20 世纪中期相比，工作对情绪的要求更多，提供的保障却更少。这只是倦怠文化的成因之一。另一个原因是我们共有的工作理想。其中一些理想早在工业时代之前就有了，但近几十年来，它们变得遥不可及。结果，现在，我们的职业理想和工作现实之间的差距比过去大得多。这就是为什么职业倦怠是我们这个时代的特征，尽管就人身安全而言，现在的工作比工业时代更有保障。两个世纪前，英国曼彻斯特或美国马萨诸塞州洛厄尔的纺织厂工人，工作时间比今天英国或美国一般的工人更长，工作条件也更危险，[3] 然而，他们并不比我们现在更感到倦怠，因为他们不相信工作是通向自我实现的道路。这不是在说，他们不觉得筋疲力尽。只是说，他们没有这种在21世纪被我们称作“倦怠”的病症，因为他们没有21世纪的工作观念。

当今，激励美国人不断工作直至精疲力竭的理想是一种承诺：如果你努力工作，就会过上好生活——不仅是物质上的舒适生活，而且是有社会尊严、道德品格和精神意义的生活。
115 我们工作，是因为我们希望工作能帮助我们在各方面蓬勃发展。我在导言中提到我多么想成为一名教授，因为我自己的大学教授似乎过着美好的生活。他们受人尊重，似乎都是明达通透的人，而且他们的工作有着明确而崇高的目的，即获得知识并将之传授给他人。我对他们在课堂之外的生活几乎一无所知，也不知道他们私底下在与哪些恶魔做斗争。我的两位导师申请终身教职最终被拒，只得再找新的工作。还有一位担任了几年重要的行政管理职务后，死于心脏病。我未曾把他们的不幸和我自己的职业前景联系在一起。我怎么会呢？我因为信任美国的这个承诺而被蒙蔽：如果我做的工作是对的，那么成功和幸福一定会随之而来。

然而，这种承诺多半是虚假的。这就是哲学家柏拉图所说的“高贵的谎言”，一个为社会的基本结构提供正当性的神话。[4] 柏拉图教导说，如果人们不相信这个谎言，社会就将陷入混乱。这个高贵的谎言让我们相信，辛勤工作是有价值的。我们劳动，老板得利，我们却说服自己，我们获得的才是最大的好处。如果说，职业倦怠是这样一种感受，即在我们的职业理想与工作现实这两根相互远离的高跷之间被撕扯，那么，我们开始工作之前就已经握紧了其中一根：我们的理想。我们希望工作能兑现它的承诺，但正是这种希望最终把我们推向了身心俱疲的境地。由于这种希望，我们付出额外的时间，承担额外的项目，忍受着没有加薪或我们所需的认可的日子。具有讽刺意味的是，相信努力工作就能过上美好生活的理想，恰恰是实现其承诺的最大障碍。

可以说，美国社会最看重的就是努力工作。皮尤研究中心 116
于 2014 年进行了一项对人们个性的民意调查，80%的受访者都将自己描述为“勤奋”。没有其他任何性格特质能引起这么大的积极反响，甚至连“富有同情心”或“悦纳他人”都没有。只有 3%的人说自己懒惰，至于坚决咬定自己懒惰的人，数量在统计上微不足道。[5] 这些数字更多地反映了我们所看重的东西，而不是我们真实的样子。也就是说，我们都知道，我们中不止有几个人是真的懒惰。想想你的同事们。他们中有多少人在偷懒？又有多少人会说他们没有偷懒呢？总的来说，美国人的确工作得很努力，但我们并不是整天都在勤奋地工作，拼命地写报告，和客户一场又一场地开会，挥汗如雨。毋宁说，我们美国人说自己勤奋，是因为我们知道我们应该这样看待自己。这是我们敬重自己和他人的方式。我们对辛勤工作的重视，没有导致每个人都真的努力工作，但它确实导致许多人努力工作到超出其身体和心灵所能承受的限度。它使我们的劳动有利可图。它也造就了数以百万计的倦怠者。

在美国四百年的历史中，关于工作是尊严、品质和目标的源泉的高贵谎言越来越多。它所承诺的好处成倍增加，愈渐抽象，以至于我们现今期望能从工作中获得满足感这样崇高的东西。起初，工作允诺的唯一好处更加具体而关键：生存。事实上，高贵的谎言一开始与其说是一种承诺，不如说是一种威胁。约翰·史密斯（John Smith）船长在1608年接管到处是疾
117 病与死亡的詹姆斯敦（Jamestown）殖民地后不久，就颁布了一项法令，这成为美国工作理想的根基："谁要是每天采集的东西没有我多，他就是懒汉，第二天要被驱赶过河，逐出堡垒，直到他改过自新或饿死为止。"[6]

要么工作，要么就是没有价值的人；要么是值得嘉奖的人，要么就不配得到任何东西；要么是社会成员，要么是罪有应得的社会弃儿——史密斯的宣告取消了任何中间地带。美国政治的领导人把社会的"缔造者"与"索取者"对立起来时，仍是在贯彻这种区分。政治左派和右派都非常重视的"充分就业"理想，也暗含了同样的二分法。[7]它是这一论点的基础，即人们要想获得社会福利就必须工作，也是全民工作

保障提案的根据。[8]

史密斯的威胁，借用保罗写给帖撒罗尼迦人的第二封信中的话来说就是，“若有人不肯作工，就不可吃饭”。[9] 它与这一承诺作用相当，即工作是获得尊严的唯一途径。尊严，正如社会学家艾莉森·普格（Allison Pugh）所定义的那样，是“我们作为被充分认可的参与者，在我们的社会世界中立足的能力”[10]。尊严是社会上的公民权。在今天的美国，如果你有一份工作，那么别人就会承认你是一个对社会有贡献的人，因而理应对社会的运作拥有发言权。想想那些对抗议社会不公的人大喊“找份工作吧！”的路人。就仿佛第一修正案规定的言论自由权只适用于有工作的人，仿佛有偿就业是有资格抱怨社会或争取社会福利的唯一入场券。当然，从历史观之，唯独对于白人男性来说，辛勤工作才是获得尊严的途径。白人女性在赢得财产权和投票权之前，已经在家里工作了数个世纪。几百万非裔美国女性和男性在奴隶制下劳动，后来他们能够合法赚取工资了，他们在社会上的公民权却仍然遭到否决。承诺很高尚：通过工作，任何人都可以赢得在美国社会立身的权 118
利。可是，种族主义和性别歧视使它常常沦为谎言。

工作的第二个承诺是，它可以塑造品格。这种说法是家长教育智慧的主要内容。据称，通过修剪草坪、看护孩子或接快餐订单，懒散的孩子会成长为正直的成年人。其潜在的观念是，我们反复做出的任何行动都会改变我们。我们养成了习惯，而我们集成的所有习惯，无论好坏，都构成了我们的性格。威尔·杜兰特（Will Durant）在总结亚里士多德的道德哲学时写道："我们重复做出的行为造就了我们，所以，卓越不是一种行为，而是一种习惯。"[11] 根据这种观点，好的生活就是培养勇气、节制等美德。如果一个青少年能把他的手机放在一旁不管，久到足以申请最低工资的工作，那么他通过上岗并履行工作职责，就会学会守时、负责，变得勇毅——获得过一种道德生活所必需的一切特质。工作理想的第二个组成部分，比单纯的尊严更进一步，在 19 世纪 20 年代的美国变得非常显著。当时，工厂老板一边施行更严格的工作纪律，一边为员工们大喝威士忌酒发愁，他们认为这与一堆道德缺陷有关。因此，这些老板禁止工人在工作时喝酒。[12] 他们相信，节制的美德会造就出更好的工人，反过来，工作又会成就一个更好的人。

工作的第三个同时也是最大的承诺是，它是获得人生意义的途径。苹果公司的联合创始人史蒂夫·乔布斯（Steve Jobs）是"有意义的工作"的伟大倡导者，他在 1985 年的一次采访中说，他的公司需要快速发展，但其目标不是为了赚钱——"赚钱，这对我们来说毫无意义"。他解释说，苹果公司的志向更高远："在苹果公司，人们每天要工作 18 个小时。

我们吸引了一些与众不同的人……他们真的想要超越自己的能力极限，在宇宙中留下一点印记……我认为我们现在有这 119
个机会。不，我们不知道最终结果会是什么。我们只知道，有某种东西比我们这里的任何一个人都重大得多。”[13] 当然，苹果公司最终远远超过了乔布斯在 1985 年设定的并不高的市值目标。2011 年，在他去世前不久，它成为世界最具价值的上市公司。但这是“毫无意义的”。

乔布斯描述自我超越的世俗语言，与从古至今以精神生活为根据为辛勤工作进行辩护的论点遥相呼应。在柏拉图的《理想国》中，高贵的谎言是，众神将金属植入人们的灵魂，借此为每个人指定一个他不得偏离的社会地位。[14]《圣经》开篇的故事就是在赋予人类工作意义。上帝创造人类，以让他们照料伊甸园。待他们拒绝服从时，祂就在男女之间进行分工，责令人类必须艰苦劳作才能糊口。在新教改革中，约翰·加尔文（John Calvin）和马丁·路德（Martin Luther）发展了现代的天职概念，用来解释一个农民或商人的工作如何被包含在神意对人类社会的设计之中。[15] 根据这种神学，工作不会拯救你的灵魂，但它遵行了一个神圣的命令。今天，“意义”这个用词表明，工作不仅仅是为了满足对薪水或医疗保险的世俗需求，它意味着工作所关乎的东西更多。

工作转变成一项精神事业——我们渴望在工作中超越自

我、与一个更高的实体照面、实现自我——这明明是最高的工
作理想，然而，据说在当今的经济环境下，任何工作者都可以
达成这个目标。与工业时代的工作观相比，这是一个重大变
120 化；唯有当人们开始从事更抽象的、与人际服务相关的工作
时，工作才成为大多数工作者通往超越性的道路。在 20 世纪 60 年代和 70 年代，女权主义者将追求意义的权利作为主要论据，主张女性应该获得更多进行有偿劳动的机会。1963 年，贝蒂·弗里丹（Betty Friedan）具有里程碑意义的著作《女性的奥秘》（*The Feminine Mystique*）中写道，在她那个时代，“女性，乃至越来越多的男性的身份危机”源于战后社会的财富与丰裕。科技已经解决了物质生产力的难题，因而工作必须成为一种获得非物质的东西的方式。她写道：“工作对于人类的意义，不只是生理上得以存活的手段，更是自我的赋予者和自我的超越者，是人类身份和人类进化的创造者。”[16]

今天，自我实现的语汇甚至被用于包装薪水低、社会地位低的工作。基督教圈子里，“天职”仍然是所有工作的常见统称，它把商业等级制中的每种职位都神圣化。据称，“爱”赋予了各行各业的劳动以意义。[17] 韦格曼斯（Wegmans）连锁百货店在广告中用“做你热爱的事”这句话，吸引人们申请在货架上摆放货物和结账出纳的工作。公平地说，韦格曼斯连续被评为美国最适合工作的公司之一。[18] 尽管如此，如果工作

是为了爱，或者是一种救赎的手段，那为什么工作者还要在乎他们的工作条件？为理想而工作本身就是一种回报。

根据美国的工作理念，只要工作者投入到工作中，就能获得尊严、塑造品性、实现意义。据称，员工敬业度对最终盈利也有好处。如果利润是美国商业的圣杯，那么敬业的员工就是 121
加拉哈德骑士——不知疲倦、全心奉献、心性纯洁。调查员工敬业度的盖洛普公司（Gallup）把他们描绘成英雄，甚至圣人：

> 敬业的员工是最好的同事。他们合力构建一个组织、机构或政府机关，那里的一切成就都离不开他们的功劳。这些员工参与、热衷并投身于他们的工作。他们知道自己的职责范围，并寻求更新、更好的方法以取得成果。他们在心理上百分之百地忠于自己的工作。而且，在一个组织中，他们是唯一创造新客户的人。[19]

在心理上百分之百地忠于自己的工作。谁会是这种人？如果我们相信盖洛普，那大约有三分之一的美国工作者都是这样。[20] 我们中的大多数都不是创造客户的狂人，这一事实导致商业评论家在报道这些数字时眉头紧锁，哀叹“只有”三分之一的工作者对他们的工作充满热情，15%左右的人主动脱

离工作，大多数人都“不敬业”，无论怎样都不在乎。[21] 对于那些接受盖洛普公司调查结果的经理和咨询顾问来说，三分之二的工作者都不敬业是一个严重的问题。一位商业作家声称，由于旷工和生产力低下，不敬业的员工致使雇主额外损失了34%的工资。[22] 另一位作者说他们是“无声的杀手”。[23] 盖洛普公司警告说，没有效率、自鸣得意的工作者甚至可能悄然潜伏在上层管理人员之间，没被注意到。主动脱离工作的人甚至会毁掉别人的时间和成果。盖洛普公司断言：“不管敬业的人做什么，那些主动脱离工作的人都试图搞破坏。”[24] 简而言之，他们是反派角色，一心想要阻挠我们英雄的使命。

122 这种言论不仅荒谬得可笑，而且是不人道的。事实上，根据盖洛普公司自己的衡量标准，美国工作者比其他所有富裕国家的工作者都更加敬业。他们的敬业程度可能真的近乎人类极限了。抑或是，他们所反映的高敬业率，可能仅仅表示美国的工作者知道他们应该说自己对工作非常投入，就像他们知道应该告诉民意调查员自己很勤奋一样。在挪威，敬业率是美国的一半，然而挪威人是世界上最富有和最幸福的人群之一。叙利亚人是最贫穷的人群之一，但这主要怪内战，而不是他们国家2013年0%的员工敬业率。[25]

正如我亲身经历的那样，对工作的投入可以摧毁你的生活。在错误的条件下——亦即，在美国典型的工作条件下——

文化强加给人的工作热情会导致倦怠。这就是为什么我不像克里斯蒂娜·马斯拉奇那样，把没有倦怠症状的状态称为“敬业”。一个对工作不怎么投入的人不一定在倦怠谱系内。他可能只是找到了一种方法，使他的职业理想与工作现实保持一致，可能是通过保持对工作相对较低的期望值。如果他在心理上对工作只有80%的投入度，能力却还不错，那有什么问题吗？陷入倦怠的工作者感到筋疲力尽，他们无力面对新一天的工作，或者像我那样，无力再批改一篇论文或备课，这都是因为他们对工作已经投入了太多。工作者把他们的工作当作自己的事情，却发现雇主行事不近人情，不把他们当自己人。

可以肯定的是，投身工作确实能让一些人感到满足。我有一些朋友是医生、编辑，甚至是教授，他们辛勤工作，热爱自
己的工作，并且幸福快乐。有些职业，例如外科医生，似乎比 123
其他职业更能促进身心发展。虽然所有医生都容易产生倦怠感，但外科医生不仅在所有工作者中薪水最高，而且工作满意度和意义感水平也很高。[26] 他们的工作极其重要而困难，并能明确看到他们挽救了哪些人的生命。当外科医生跳出工作进行反思时，他们应该对工作感到满意。

不过，敬业并不是要跳出来，恰恰是要沉浸式投入。外科医生做手术时所需执行的精细操作，很容易引发“心流”体

验，即人在进行一项具有挑战性但提供规律的、渐进的反馈和奖励的活动时自我意识的消失。正如心理学家米哈伊·奇克森特米哈伊（Mihaly Csikszentmihalyi）所描述的那样，处于心流状态的人把世界和自己的身体需求统统拒之门外，放弃食物和睡眠，因为他们做的事情似乎本身就够好了。这是电脑游戏设计师尽力培养的一种投入状态，因为它让人难以退出游戏。“再来一回合”或“再来一关”往往让人发现自己玩到了凌晨三点，眼睛都不眨一下，手边还有一袋吃了一半的多力多滋薯片。

在心流状态下，你无法把外科医生和手术区分开。尽管游戏力图诱导心流出现，但奇克森特米哈伊认为，它最容易发生在工作中，因为工作有“内在的目标、反馈、规则和挑战，这一切都鼓励人们投入工作，全神贯注，让自己沉浸其中”[27]。他研究的模范工作者中有一个农民、一个焊工和一个厨师，他们“沉迷在当下的交互中，这样他们的自我之后就能变得更强大。如此，工作就摇身一变，令人愉快了，而且工作一旦成为个人投入精力的结果，它就感觉像是一种自由选择”[28]。

124 奇克森特米哈伊认为，心流是幸福的关键。正如他与他的合作者珍妮·中村光（Jeanne Nakamura）所说的那样，“借由心流体验这个视角去看，美好生活的特征就是完全着迷于自己所做的事情”[29]。我知道心流是什么感觉。我写这本书的时候，有时候也有这种感觉。琢磨着如何修改一个句子，继而意识到我确实把它改得更好了，然后再改下一个句子，再下一句——这就是奇克森特米哈伊所说的东西。专心学习的人进行一场又一场坦诚而具有挑战性的课堂对话，也是同样的事情。

心流的理想具有一种令人心驰神往的普遍性；你不一定非得是外科医生或教授，才能达到心流状态。奇克森特米哈伊以一个名叫乔·克莱默（Joe Kramer）的焊工为例，说明“自成目的”性格——也就是说，一个人在工作中很容易进入心流状态，这之后工作本身就成为一种目的。虽然乔只接受过四年级的教育，但他在其工作的轨道车厂里什么都能修好。乔把自己同坏掉的设备关联在一起——他同情它——以便修理它。奇克森特米哈伊声称，因为乔把他的工作任务变成了一种自成目的的体验，所以“与那些觉得自己无法打破贫瘠现实的种种限制、只能认命的人相比，他的生活更快乐”。[30] 他所有的同事都觉得，乔是不可替代的。尽管乔的天赋罕见，但他拒绝升职。他的老板表示，他要是有更多像乔这样的员工，那工厂定会在业界名列前茅。[31]

这是一种不增加成本就能提高生产力的承诺：这就是为什么在后工业时代，敬业和心流的概念对管理层这么有吸引

力。根据目前的商业理论，员工是一种负债，再雇用一个人是
有风险的。既然如此，何不看看能否让你已有的员工付出更多
125 的努力？为什么不用这些调查研究、讲习班和机场书店的畅销
书说服他们相信，如果他们全身心地投入到工作中，就会幸福
快乐？不仅如此，他们还会像乔·克莱默一样，成为一位有福
的工作圣徒。

任何工作者都很难确定，在雇主眼中，他们是否具有像乔那样的价值。在新自由主义时代，如果管理层不喜欢谁，工作者再优秀也可能毫无预警就被解雇了。（因此，有必要使自己成为“一个人的公司”，不依赖于任何一位雇主。）鼓吹员工敬业的体制也制造了焦虑，员工只能更高强度地工作，尽力抚平这种焦虑。即使工作者有终身工作保障，例如有终身教职的大学教授，也被美国不稳固的劳动环境引发的焦虑感染，找到了自己发愁的理由。我们为了确证自己的价值，不断地回到工作岗位上，但解药也是毒药。为了平息我们的焦虑，我们过度工作，却没有足够的回报，没有自主权，没有公平，没有人与人的联结，还与我们的价值观相冲突。我们被困在这种境况中，伸出手想抓住我们的理想。我们变得疲惫不堪，愤世嫉俗，效率低下。我们工作是为了追求美好的生活，然而矛盾的是，工作让我们的生活变得更糟糕。

焦虑是资本主义的内在组成部分。这是马克斯·韦伯
1905 年的《新教伦理与资本主义精神》中的一个重要前提，
它完美捕捉到了时至今日还支撑着我们的工作伦理的心态。
韦伯阐释了，欧洲的新教徒如何创造了一套关于金钱、工作和
尊严的思维模式，让我们到现在都无法摆脱。当今欧洲和北美
社会更为世俗化的事实无关紧要，新教的思维方式仍然与我 126
们同在，甚至也表现在无神论者身上。我们的新教祖先无意中
为他们自己，也为我们打造了一个思想的“铁笼”。[32]

韦伯将资本主义视为“一个骇人的宇宙”。[33] 他的本意是一种赞美。在他看来，资本主义是一个包罗万象的经济和道德体系，是人类最奇妙的建构之一。我们活在这个体系中，却很少能看到它。我们认为它的准则就像我们呼吸的空气一样理所当然。然而，资本主义“具有无法抗拒的强制力，不仅决定了那些直接参与商业活动的人的生活方式，而且决定了在这个体制下出生的每一个人的生活方式”[34]。你所做的任何事情，无论是上“适合的”学前班，从事一份富有成效的职业，还是在临终前接受医疗护理，都是因为在某个地方，有某个人认为他们可以从中牟利。无论你以什么方式参与资本主义宇宙，它都强加给你一个选择：要么接纳它的伦理观，要么接受贫穷和蔑视。

韦伯是一名学者，并不涉足工业贸易，但他还是像商人一

样陷入了铁笼。他在撰写《新教伦理与资本主义精神》之前，花了5年时间治疗心理疲劳：神经衰弱。他度过了几个高强度的教学和科研工作循环，随后身体和精神崩溃，接受治疗，为了恢复健康而休假。之后，他重返工作岗位，于是不可避免地，他的病情又恶化了，这导致他卸下自己的职责，再次寻求治疗。他的妻子玛丽安妮（Marianne）后来写道，在这段时间里，他是“一个被锁链捆住的泰坦，邪恶、善妒的诸神对他百般折磨”〔35〕。他烦躁易怒、郁郁寡欢，觉得自己一无是处；任何工作，甚至连阅读学生的论文，都成了难以承受的负担。〔36〕 他最终向大学请了两年假，之后在他39岁那年辞职，
127 变成一名临时教授，与学术界保持着松散的联系。〔37〕 我不是韦伯，但他的故事对我个人很有激励作用。他在职业上的挫败并非最终定局。辞职后，韦伯开展了他最具影响力的工作。

新教伦理在根本上是信徒们为了应对宗教上的焦虑情绪，自己骗自己的一个心理把戏。韦伯认为，这种伦理源于约翰·加尔文（John Calvin）的神学，这位16世纪的宗教改革家因其预定论而闻名。预定意味着上帝选择或“拣选”的一些人能够得救，其余的人则注定要走向永恒的死亡。上帝这样做是无条件的，而且超越时间的流逝。他不会改变对某个人最终命运的想法，因为上帝是至善至美的，而改变就意味着不完善。只有上帝知道谁被选中了、能得到救赎，又有谁没被选中。不

过，可以理解的是，人类也想知道答案。根据加尔文主义神学，善工不能为你赢得救赎——做任何事都不可能配得上上帝的恩惠，但它们可能是被拣选的征兆。也就是说，上帝的选民会做善工，这是他们蒙福的身份的自然结果。因此，如果你好奇自己是不是上帝的选民，就审视一下自己的言行。你像圣人一样吗？还是有罪呢？

加尔文主义者要想找出答案，就应该思考他或她的行为是否有助于社会的繁荣。上帝关心他所创造的世界［被称为神意（providence）的信条］，但是上帝不会直接干预世间事务，而是授予人们不同的“使命”，让他们来执行祂对人类的意志。人类工作者就是上帝的双手。因此，正如韦伯所说，“为这种社会效益服务的劳动，增添了神圣的荣耀，是上帝的旨意”[38]。于是，为了确信自己被拣选，你需要知道，你正在听 128
从呼召进行劳动，富有成效，并且丰盈了自己，造福了集体。

到了21世纪，世俗的富裕国家的居民不怎么担心自己是否是上帝的选民。但我们仍旧被困在加尔文主义的笼子里。我们急于向潜在的雇主、向自己证明，我们是有才华的，自成目的，是工作圣徒。这种身份，如同神圣的拣选，也有一个抽象前提，我们不能把它指派给自己，但我们希望别人能认可我们是这样，从而一直雇用我们。[39] 当我们对这种身份的焦虑涌现时，我们就回顾我们文化里的宗教遗产，从中寻求一种镇痛药膏：艰苦的、纪律严明的工作。例如，特利斯滕·李（Tristen Lee）是一名千禧一代的英国公共关系工作者，她讲述了一个耳熟能详的故事：长时间的工作、缺乏睡眠、没有真正的休息时间，以及过高的租金，不断消磨着她。“我全心全意地投入到”工作中，她写道，“我是如此痴迷于达到某个明显的成功标准，实现我的财务目标，以至于我已经忘记了如何真正地享受生活”。她复述了安妮·海伦·彼得森的自我诊断——“庶务疲劳”，“即使是琐碎的、低回报的任务，比如去银行或还衣服，我也开始觉得完成不了”[40]。

李说，她感觉自己“要证明什么东西——但证明给谁看呢？”韦伯也许会说，是向她自己证明。李的体验是16世纪加尔文主义神学在21世纪的回声。她已经把这个社会处处可见的评判方式内在化了，这个社会只因为她工作才重视她，所以她觉得有必要确保自己的价值。但永远不可能有充分的保证；根据当今的工作理念，你的成就不如你不断努力向下一个成就进发来得重要。

“什么才是最终的结果？”李问道，“这种持续不断的苦恼何时才会停止？到什么时候我们才能对生活满意，才会觉得为自己取得的成就和一路走来的艰辛而自豪呢？”[41] 唉，永远不
129 会。所以才说，我们身陷铁笼。

韦伯发表《新教伦理与资本主义精神》四十年后，他的祖国被战争摧毁，开始了一场政治经济学的自然实验——它试图在敌对的两大经济体系下把自己重建成两个不同的国家。但在德国哲学家约瑟夫·皮珀（Josef Pieper）眼中，资本主义和共产主义有一个共同的道德缺陷。它们都创造了一种他称为“全面工作”的景况。[42] 皮珀担忧，如果欧洲人不加以抵制，全面工作将会主宰这片大陆的新文化。“有一件事，毋庸置疑，”1948 年他在《闲暇：文化的基础》一书中写道，“有一股动力正在形塑‘工作者’的世界——其速度如此之快，不管是对是错，人们都忍不住说它是历史上有如恶魔般的力量。”[43]

这只恶魔颠倒了人类的价值观，致使我们不再为了生活而工作，而是为了工作而生活。它说服我们相信，工作是至高无上的活动，唯一的价值是使用价值，即会计师在他们的账簿中追查的那种价值。恶魔让我们把自己当成工具人，仅仅通过我们在工作中的行为表现来定义自己。我们受恶魔所控制，贬低从诗歌到节庆崇拜等任何没有明显用途的事物。皮珀问道：“人类活动，甚至可以说人类存在中，有没有一个领域，不需要把它纳入五年计划及其技术组织，就能证明它是正当的？到底有没有这种东西？”[44] 恶魔让我们回答“没有”，结果就是，我们剥夺了自己完整的人性。

130 恶魔也生活在21世纪的社会。你可以从我们的语言中看出这一点。我们没有任何语汇来描述值得赞美的非工作活动。我们称养育子女是“世界上最难的工作”。[45] 我们几乎完全从工作的角度来考虑教育问题。我的一个朋友反映说，他孩子刚上一年级，学校给他寄了一封信，信中说：“准时开始非常重要。我们正在训练孩子们成为将来的劳动力。”[46] 另一位朋友告诉我，她孩子的幼儿园老师每天在午餐时间都会带领孩子们反复地一唱一和：“努力工作……就有回报!”大学生攻读学位的首要理由是“能找到一份更好的工作”。[47] 我们说婚姻是件苦差事。就连死亡也成了一种工作。史蒂夫·乔布斯的姐姐在悼词中说，乔布斯在临终之际，呼吸“变得沉重、刻意、坚定……。我当时恍然大悟：他也把这当成工作。并不是死亡带走了史蒂夫，而是他完成了死亡”[48]。

随着生活的方方面面都变成了工作，我们这些活在全面工作的社会中的人，对任何唾手可得的东西都心存疑虑。我们相信，必须苦干才能获得一切——不仅仅是金钱，还有洞察力和快乐。对于史蒂夫·乔布斯而言，甚至包括了死亡。用皮珀的话说，只重视工作的人“拒绝接受任何礼物”。[49] 时间不用于产出，就是一种浪费。我们把休息时间合理化为“自我护理”，乍听起来像在抵制全面工作，但我们经常把它构设为一种保持自身强大的方式，让我们足以承受沉重的工作负担。正如皮珀所写："工作中的小憩，无论是一小时、一天还是一个星期，仍然属于工作世界的一部分。它是效用导向的功能链的一环。"[50] 刻板印象中，科技创业公司的工作场所"充满趣味"，但他们的游戏室和睡眠舱并不是真的为休闲而设。设置它们，是为了让你永远留在工作岗位上。

这种对工作永无休止的投入，不只是增加了我们的工作量。我们在工作中养成的习惯也束缚了我们作为人类可以行使的能力，有损道德的发展——工作本来据称能促进这种发 131
展。据亚当·斯密观察，18 世纪工厂里的劳动确实把人变成了职能人员。在《国富论》的第一页，他惊叹于一个扣针工厂的生产力，在那里，生产线上的每个工人整天都在一遍又一遍地执行同一个动作。[51] 但斯密也认识到，只要重复的时间够长，这些动作就会成为品性，而且往往是糟糕的品性。

> 一个人如果穷其一生都在进行一些简单操作……就没有机会运用他的理解力……从而，他自然而然地会失去发挥这种能力的习惯，并且通常会变得像人类可能沦为的那样愚蠢和无知……这样看来，他在自己特定行业中的灵巧似乎是以牺牲智力、公德和武德为代价获得的。[52]

对于今天的“知识工作者”而言，情况也没什么不同。著名的咨询公司和金融公司希望他们的年轻雇员能够长时间投入工作。[53] 起初，他们可以按照每周八十小时的日程安排有效地完成工作。然而，研究商业文化的学者亚历山德拉·米歇尔（Alexandra Michel）发现，几年后，他们的身体和心灵开始受到损伤。“专业技能、做数学题的能力不受影响，”米歇尔说，“但是创造力、判断力、道德敏感性，这些能力都会降低。”[54]

米歇尔的研究强调，职业倦怠是一个道德问题；当我们在错误的工作条件下追求错误的理想时，我们作为人类的能力会遭到损害，比如伦理生活所需的同理心。皮珀认为，随着我们能力的减少，我们欲望的范围也在缩小。他写道，职能人员
132 “自然倾向于在他的‘职责’中寻求彻底的满足感，借此达成一种错觉，即他实现了自己认可并乐意接受的生活”[55]。全面工作不仅占据了我们的时间，也占据了我们的精神。除了工作，我们没有其他途径了解自己，也没有办法展现人性。甚至在我们陷入倦怠之前，我们就已经失去了大部分的自我认同和过上美好生活的能力。

新教伦理——也就是美国工作理想——最热诚的支持者之一，是教育家布克·T. 华盛顿（Booker T. Washington）。他的

生活和教导展示了，包括我们自己在内，任何信奉这种伦理的人所面临的机遇和危险。华盛顿于 1856 年出生在一个奴隶家庭，一心专注于实业教育，勤恳工作。他在亚拉巴马州创办了塔斯基吉学院（Tuskegee Institute），一所面向黑人学生的职业学校，并在 20 世纪之交成为国际知名人物。华盛顿就像今天的硅谷首席执行官一样，无论身处何地都在宣扬世俗工作的福音。他提出，种族不平等的受害者只有通过勤奋、技术熟练的劳动才能改善自身处境。他践行了自己倡导的理念；他的个人经历却也揭示了焦虑如何悲剧性地助长我们全面工作的心态演变成自我贬低。

华盛顿哲学的核心是他在 1901 年的《超越奴役》（*Up From Slavery*）一书中反复表达的“法则”：“人类的本性中有一种东西，总是让一个人承认并奖赏功绩，不管这一功绩是由什么肤色的人做出的。”[56] 根据这一法则，你为了集体的物质需求辛勤工作，赢得功绩。最终，你因为干得好而变得不可或 133
缺，就像轨道车厂里的乔·克莱默一样。[57] 毕竟，一个明智的雇主不会解雇一个有价值的雇员，不是吗？技术劳动的成果没有种族之分，所以，华盛顿认为，学习一门手艺是黑人在南方重建后成为正式公民的最佳途径。因此，他在塔斯基吉的校园里建立了一个砖厂和一个马车作坊，由他的学生运营，再将成品卖给他们的邻居。华盛顿声称，借助塔斯基吉的黑人工匠和他们的白人客户之间的公平贸易，种族间的紧张关系将得以缓解。在这些交易中，学校赚了钱，白人邻居得到了好砖好车，而学生们赢得了工作的终极奖赏：通过做“世界亟须人做的事情”,[58] 自力更生。

但是，华盛顿自力更生的理想内部存在着一个矛盾。如果你的奖励来自做别人想让你做的事情，那你根本就不是自力更生。你依赖于市场变化莫测的口味。一旦它发生变化，你的生计就会全盘覆没。你的尊严，你对自己价值的信心，都掌控在另一个人的手中。做好本职工作远远不够，你还必须关注一个难以摆脱的、令人担忧的问题：他们会喜欢吗？而当你像我们大多数人在后工业时代所做的那样，从事与人际关系相关的工作时，你的产品就是你自己，你的担心就变成了：他们会喜欢我吗？

华盛顿一直忧心忡忡，特别是在塔斯基吉学院的早期。表面上看，他是在为钱而焦虑，但保持学校的财务偿付能力，还有更重要的意义。“我知道，一旦我们失败了，就会伤害到整个种族，”他写道，“我知道，这个推定对我们不利。”他在夜里挣扎着入睡。压力感觉就像“一个压在我们身上的重
134 担……压强高达一千磅力每平方英寸*”[59]。因此，华盛顿经

* 约为 6.895 兆帕。

常长途出差，从波士顿的上层人物和富有的工业家那里筹集资金，既是为了实现他为学校设定的目标，也是为了缓解自己的恐惧。他的努力是韦伯理论的真实写照，即宗教焦虑刺激工作动力。只不过，华盛顿担忧的不是自己的灵魂，而是一所学校的成功，对他来说，这所学校象征着非裔美国人这个种族。

马克斯·韦伯和玛丽安妮·韦伯在1904年访问塔斯基吉时，恰巧错过了与华盛顿的会面，后者当时在外面募款。[60] 华盛顿在旅行中也从未放弃对塔斯基吉日常运作的控制。他要求用电报向他传达微观管理方面的最新变动，涵盖学校活动的每一个细节，甚至包括食堂的备餐流程。[61] 他的努力得到了回报。来自北方慈善家的每一张支票都"部分减轻了压在我身上的重担"[62]。部分——因为你永远无法征集到足够多的大学捐款，获得足够高的利润，或在你的简历上添上足够多的行数，就像加尔文教徒永远无法给上帝足够多的荣耀一样。美国的工作伦理要求你通过劳动来证明自己，但你永远无法一劳永逸地证明自己。你必须在第二天从头再来。

永不停歇地要求你通过工作证明自己的价值，推动创造了全面工作的社会，再加上后工业时代令人失望的工作条件，就变成了倦怠文化。为了坚持下去，你告诉自己，你是不可或缺的。这是工作伦理铁笼的另一道栏杆。以华盛顿为例，他的捐助人看到他工作得太辛苦了，于是他们一起商量，想送他去欧洲度个长假。华盛顿想方设法说服他们，他不能去，因为“学校似乎每一天都更依赖我来解决日常开支……我要是不在，学校会因财政问题难以为继”[63]。

135 这种态度在今天很常见，即便绝大多数的美国工作者并不像华盛顿那样负责管理整个机构，也是如此。在新冠疫情之前，美国工作者每年只休大约一半的带薪假期，即使在休假期间，也有大概三分之二的人仍在工作。在疫情开始的头几个月，他们带薪休假的时间甚至更少。[64] 当一项调查问他们为什么的时候，许多人的回答与一个多世纪前的华盛顿相同。三分之一的人说，他们休假期间还工作是因为“害怕落后”；还有差不多三分之一的人声称，没有别人做他们的工作；超过五分之一的人则“全身心为公司奉献”。[65] 个人财经博主萨拉·伯杰（Sarah Berger）推测，千禧一代的工作者闲置他们大部分的休假时间，是因为他们“感觉自己要证明些什么，并且他们常被贴上‘有特权感’或‘懒惰’的标签，他们希望消除这些负面的刻板印象”[66]。值得追问的是，他们想向谁证明这种无形的特质？他们的老板，还是他们自己？不过，不管工作者的不可或缺感究竟根源于自我价值感，还是工作的不安全感，被困在这个铁笼里的人其实都在害怕，学校、商店或公司没有他们也能正常运作。离开，是对公司没有他们是否照样能过下去的最真实的考验。如果他们从不休假，就永远不用知道答案。

最终，华盛顿“被迫屈服于”捐助人提供的假期。他写道：“每条逃跑的路都被堵上了。”[67] 在前往比利时安特卫普的汽船上，他一天睡十五个小时。这十天的航行是他多年来第一次与塔斯基吉没有电报联系。我想知道，他是如何能在不知道学校食堂菜单的情况下度过这些日子的。尽管被切断了电 136
子通信——这是我们永远不需要忍受的考验——华盛顿很快找到了办法继续工作。他还在船上的时候，应其他一些乘客（也就是潜在的捐赠者）的要求做了一次演讲。待他到达欧洲时，他会见了一些达官显贵，发表了更多的演讲，并谈到实业教育是通往种族间和平的途径。在荷兰，他参观了奶牛场，“以便将这些信息应用于我们在塔斯基吉的工作”。[68] 即便远离自己熟悉的领域，华盛顿仍设法适应了这种令人不适的状况。他凭借对工作的坚定信念，击退了对自己价值或意义的任何怀疑。

如果说员工敬业度的理论提出了工作圣徒的理想，那么全面工作的体制则创造出了工作殉道者作为典范，他们不顾自身利益，把生产力最大化。工作殉道者类似于皮珀所说的职能人员，其主要美德是愿意受苦。[69] 这也是华盛顿的理想。他认为，最好的工作者在工作中“失去自我”，甚至“完全抹杀自己”。[70] 这些话听起来像是瘾君子说的，但华盛顿把它们与圣经中描述耶稣基督自我牺牲的语词联系起来。华盛顿描写弗吉尼亚州汉普顿学院（Hampton Institute）的白人校长霍利斯·弗里塞尔（Hollis Frissell）博士时，说他“不懈地努力”是为了事业而让自己“寂寂无名”。[71]“寂寂无名”一词来自钦定版圣经《腓立比书》2：7。在这段话的现代翻译中，保罗说耶稣“虚己，取了奴仆的形象……就自己卑微，存心顺服以至于死——且死在十字架上”。[72]这就是华盛顿为非裔美国工作者树立的榜样。

华盛顿为工作殉道的理想，就藏在今天工作圣徒那层薄薄的外衣之下，体现为自成目的的焊工乔·克莱默。要想像乔
137 那样，你需要把自己完全投入到工作中，让自己沉迷其中，彻夜不眠，忘记吃饭。这些要求是不人道的。一旦工作者崩溃，不能再“敬业”下去了，他们既会受人景仰——他们付出了自己的一切，做了该做的事——也会背负骂名。老板不就是该解雇陷入倦怠的员工吗？作为殉道的最后一步，他们甚至可能辞职。

我对华盛顿持批评态度，但我无法谴责他。像许多美国人一样，我的信念和他差不多。我希望他的功绩法则是真的，即努力工作就总会有相等的回报。这个理念本身是高尚的。可悲的是，华盛顿把它教给学生，社会却永远不会向他们兑现这个承诺。他的理想和他的学生所面临的种族歧视的现实之间，存

在着巨大的差距。他教学生们全身心投入，他也全身心投入。在某种程度上，他知道，功绩法则是一个谎言。在周日晚上给学生们的讲座中，而不是在他为北方白人而写的畅销书中，他承认会有斗争，也承认可能永远不会得到奖赏。[73] 在华盛顿的世界里，黑人所经历的暴力压迫远比今天美国工作者通常遇到的不公正现象严重。但这一承诺——通过劳动赢得尊严——是一样的。为了这个空洞的承诺，我们纵身跃入鸿沟，并让自己不断被两边撕扯。

我开始写这本书是因为我想要了解，究竟发生了什么，使我在得到梦寐以求的工作、获得终身教职之后，还如此痛苦而无能。这种渴望引领我先后研究了我们文化对职业倦怠的不 138
同理解和争议、职业倦怠在 20 世纪 70 年代出现的历史、大量的心理学研究、今天美国和其他富裕国家不断恶化的工作条件，以及最后与这些条件相差越来越远的工作伦理和精神理想。

我相信这些理想，相信这些说工作是意义和目标源泉的高贵谎言。因此，我认同自己的角色，并始终焦虑地设法证明，我对于学校的使命而言是不可或缺的。我相信我拿着和同事们一样的薪水，为学校付出了更多的东西——更好的教学、更多的研究、卓越的领导。我曾为自己是这样一个富有成效、高度敬业的员工而感到自豪，后来却因这种不公平状况怒不可遏：我对学院的贡献比那个人多得多，但我们得到的工资却是一样的！于是，我为了证明学校和学生低估了我，继续工作，直到我几乎完全无法工作为止。我理想中好教授的形象，既激励了我的工作，也加剧了我的倦怠感，因为它与工作的实际情况冲突。我想成为一位工作圣徒，结果成了工作殉道者，尽管是一个充满怨憎之情的殉道者。简而言之，我是我们倦怠文化背景下的一位典型工作者。我们的文化宣称工作会增进我们的福祉，但其实正是它阻碍了我们的繁荣。

现在我们已经确定了这个自相矛盾的问题，接下来我们需要找出克服它的方法。后疫情时期是半个世纪以来我们改变工作文化的最佳机会。要做到这一点，我们首先需要一套新的理想，其基础是承认每个人作为人的尊严，无论他们是否工作。

第二部分　反主流文化

第六章

我们可以拥有一切：美好生活的新愿景

在成为教授之前，我在停车场当服务员。当时我刚刚完成 141
博士课程，还没找到一份学术工作。不过，我认识几个人在大学对面的停车场工作，他们把我介绍给他们的老板。没过多久，我就在一家比萨店后面一个风吹雨打的小岗亭里收钱。每天，我都坐在教授们的沃尔沃或宝马车的驾驶座上，他们是我拼命想要成为的人，但我所做的工作却感觉与他们相去万里。

我喜欢这份工作。它很轻松，甚至很有趣。我的老板关心员工，对我们很好；他知道这份工作不是我们生活的全部。我的同事都是聪明的本科生和研究生，其中有几个人身上满是文身，骑死飞自行车，在岗亭里玩小众的朋克摇滚。有几个人自己也玩乐队。我年纪更长，没有文身，开着一辆亮蓝色的本田思域，读克尔凯郭尔（Kierkegaard）。他们叫我教皇，因为我作为宗教研究的博士，是他们所知的最接近精神权威的人。在转角停车场工作的那一年，我爱上了一名女子，她也处于职业生涯的过渡期，她给我带咖啡和油酥糕点，帮助我度过漫漫夜班。现在，她是我的妻子。

142 我在做一份社会地位低的工作时感到很幸福，我获得终身教职后却痛苦万分，这一鲜明的对比为终结倦怠文化指出了一条明路。我期望成为一名大学教授能让我感到满足，不仅仅是作为一个工作者，更是作为一个人。我期望它能成为我完整的身份、我的天职。很少有工作能达到这些期望，可这个观念早已在我脑海里根深蒂固，即做对的学术工作就可以实现它们。当然，它没能达成这些期望，我努力工作了这么多年，直到实在无法承受这种失望和徒劳感才辞职。

相比之下，我对停车场服务员的工作不抱有什么崇高的理想。在我看来，这只是一个赚房租钱的轻松方式。我并不指望“投入”这份工作。如果你是一个停车场服务员，确实不太可能体验到“心流”状态。待在岗亭里收钱这件事，没有任何进阶挑战。在这方面，不会有人随着时间推移而做得更好。唯一给你反馈的人是愤怒的试图逃避交费的司机。我做那份工作时，从来没有沉迷到忘记吃饭的地步；事实上，我在岗亭里的大部分时间，以及与同事大多数的谈话，都是在决定午餐要点什么（通常是比萨）。这份工作不会导致你痴迷于一项据称会让工作富有成效、让工作者感到满足的任务。这很完美。

我相信，我对工作缺乏投入，恰恰是我在做停车场服务员的一年中如此快乐的矛盾原因。这份工作抵制任何想赋予它道德或精神意义的尝试。它不许诺尊严、品性的成长或意义感。它从不提供美好生活的可能性。因为我无法通过工作找到实现自我的满足感，所以我不得不去别处寻找。我找到了它：在写作中，在友谊中，在爱情中。

停车场的工作不仅仅是不干涉我作为一个人的成长和发展。我对这份工作的期待很低，但工作条件很好，工资相当不 143
错。我们同事之间很快就成了朋友。我们的老板把他的生意托付给我们，我们也互相信任。我们都遵守一条不成文的规定：如果你在停车场附近，你就会到岗亭前看一下当班的服务员是否需要休息、是否需要一杯咖啡或只是需要有个人聊聊天。尽管偶尔也会和顾客发生冲突，比如他们的停车许可有效期有多长，或者他们把车留了一夜欠我们多少钱，但更常见的是与老顾客隔着打开的车窗，以 32 秒为单位，持续几个月的亲切交谈。一部关于停车场的纪录片《停车场电影》（*The Parking lot Movie*）强调了冲突和倦怠发生的可能性，但我的经历总体上比导演梅根·埃克曼（Meghan Eckman）在银幕上描绘的要好。[1]

我只是一个工作者；我想保持谨慎，不要根据可能是我特有的经验，夸大其词地对工作本身下任何结论。但我当教授和停车场服务员的经验确实符合我的研究所得出的倦怠模型，即我们交给工作的文化理想对于职业倦怠如何影响我们起重要作用。

许多工作者都面临职业倦怠的风险，因为自20世纪70年代以来不断恶化的工作现实与我们过于崇高的职业理想“不谋而合”。理想和工作中的实际体验之间的差距太大，让我们无法承受。这意味着，如果我们想阻止职业倦怠的蔓延，那就既要改善工作条件，也需把我们的理想下调，才能缩小这个差距。在第七章和第八章中，我将向你介绍一些人，他们在更加人性化的条件下工作。但是，鉴于我们的倦怠文化既源于我们工作的具体情况，也由我们的理想导致，我们仍需要对工作有不一样的道德和精神期待，就像我们需要更好的薪酬、更合理
144 的日程安排和更多的支持一样。事实上，我们需要一套新的理想来指导我们构建这些工作条件。

我们把新教伦理带入后工业时代，它帮助今天这些最关注职业倦怠问题的国家创造了巨大财富。但它也设定了一种极具破坏性的理想，即一直工作到殉道。为了克服职业倦怠，我们必须摒弃这种理想，创建新的共同愿景，让工作与美好生活相适。这一愿景将取代工作伦理信誉扫地的陈旧承诺。它将肯定每个人的尊严，而不再视其是否从事有偿劳动而定。它将

把对自己和他人的同情置于生产力之前。它将申明，我们不是在工作中，而是在闲暇中，找到我们的最高目标。我们会在集体中实现这一愿景，并通过共同纪律确保工作不越界。这一愿景结合了新旧理想，将会成为一种新文化的基础，一种超越倦怠的文化。

我们必须尽快形成这种愿景，因为自动化和人工智能准备在未来几十年内颠覆人类劳动。一旦只有有限的工种才值得雇用人类来做，我们就不会倦怠，但我们建立在工作上的意义体系将不再有意义。

为了构建全新的美好生活样态，我们需要挖掘一个比高贵的谎言更深的地基，这些谎言让我们用工作来确保自己的价值。那么，首先要挑战的就是这个基本承诺，即工作是尊严之源。尊严是一个棘手的词。每个人都同意，工作的尊严值得捍卫，但是就像职业倦怠本身一样，人们对于工作的尊严意味着什么并没有达成一致。从社会学的角度来看，它意味着在你的社会中拥有发言权，或者被正式接纳的权利。[2] 尊严也可 145
以意味着更多的东西：不仅是被正式接纳，而且是昂首挺胸，赢得他人尊敬的能力。在美国，左右两派的政治家都援引工作的尊严，为劳工和公共福利政策辩护。他们这样做有充分的理由；这个概念能够引起自视勤劳的公民的共鸣。然而，这些官员满口“工作的尊严”，让美国人听着感觉良好，实际提出的政策却背道而驰。吁请工作的尊严，往往是要为不人道的工作条件做辩护，正是这些条件导致了职业倦息。

美国的保守派政客和作家在主张放宽劳动法规，减少对不工作的人的社会福利保障时，会谈及工作的尊严。他们说，因为工作有尊严，所以他们想消除阻碍就业的人为障碍，比如最低工资法。[3] 2019 年，当特朗普政府收紧了要求接受公共食品援助的成年人必须有工作的规定时，负责监管该计划的农业部长桑尼·珀杜（Sonny Perdue）声称，更严格的工作要求将“把工作的尊严还给我们相当一部分的人口”。[4] 有更多自由派政客也提出了类似论点。比尔·克林顿（Bill Clinton）总统在 1996 年签署福利改革法案时说，无条件的公共援助“把‘受助者’驱逐出了工作的世界”。克林顿继续说，工作“为我们大多数人的生活赋予了条理、意义和尊严”。[5] 当然，工作者会为自己有一份工作并能养活自己和家人而感到自豪。但是，珀杜和克林顿的做法也压低了工资，削弱了工作者要求更好的工作条件的能力，仿佛尊严作为奖励就足够了。

146 这种对市场有利的工作尊严观先把工作者们孤立成个体，再给他们施加压力，让他们不断赚取尊严，因为他们的尊严没有事先得到确保。这种观点还鼓励人们嘲笑任何找不到工作的人，或因年龄、疾病或残疾而根本无法工作的人。它给那些不能凭自己作为白人或男性或土生土长的身份获得社会敬重的工作者造成了额外的压力。正如我们在第五章布克·T. 华盛顿的例子中所看到的那样，当人们的尊严一直悬而不定时，他们就会变得焦虑不安。他们会不惜一切代价保住一份工作，不仅因为这是他们的经济生命线，而且因为他们的社会地位也受到威胁。社会视工作为证明自身价值的手段，身处在这个社会中的人就不得不更加辛勤地工作，极易遭受劳动对身心健康的损害，其中就包括职业倦怠。这一切都对老板和资本所有者有利——至少，在工作者的工作能力受损、生产力下降之前，这对他们有利。即便如此，只要有替补工作者，鼓动并榨干急于证明自身尊严的员工的成本也相对较小。

支持劳工的美国政治家大多数是民主党人，他们看待工作尊严的方式不同。对他们来说，尊严不是人们通过工作获得的东西，而是工作满足了工作者的需求时实现的东西。这意味着工作的尊严与其说是一种恒久不变的状态，不如说是一个值得为之奋斗的政治目标。根据这种观点，理应用像样的工资和保护工作者权益的措施，为人们从事的劳动增添尊严。例如，俄亥俄州参议员谢罗德·布朗（Sherrod Brown）以工作尊严的理念为基础，提出了一整套政策议案，包括提高最低工资标准，确保带薪病假乃至教育资助。“工作的尊严意味着努力工作应该为每个人带来回报，无论你是谁，无论你做什么样的

工作，”布朗在2019年的“工作尊严巡访”（Dignity of Work Tour）
147 网站上写道，“当工作有了尊严，每个人都能负担得起医疗保健和住房支出……当工作有了尊严，我们的国家就有了强大的中产阶级”。[6]

号召工作而非工作者去争取尊严，是朝着弥合导致职业倦怠的鸿沟迈出的第一步。它减轻了工作者要证明自己，让自己的理想和工作条件保持一致的压力，即使后工业时代商业的标准做法试图将二者分开。在政府规范的推动下，雇主有能力使人们的工作有尊严；这意味着他们有责任从工作条件这方面出发，缩小差距。整个文化则需要从另一个方面，即理想的方面着手推动。

布朗参议员看待工作的尊严的方式，植根于美国式工作意识形态的基本承诺，亦即，凡是工作的人都会获得物质和道德上的回报。他公开宣称的目的，就是要兑现这一承诺。不过，他说工作应有与工作者相称的尊严，也反映了天主教教皇对劳动的看法，130年来，他们一直在其社会教义中支持这种看法。我想向教皇们寻求劳动和尊严的指导，因为他们不把工业时代的资本主义道德观当成不容置疑的准则。因此，他们的见解和我们不一样。事实上，教皇讨论劳动的文章比你想象的要激进得多，对工作者也更有利。此外，一种新的工作观要想

风行于我们的文化，就必须对宗教人士有吸引力。美国人口的
大多数都是基督徒。但是，宗教不是证明我们工作理想正当性
的唯一根据。它们若想有广泛的吸引力，我们就需要从多个角 148
度进行辩护。这就是我在本章要处理的内容。

1891年，教皇利奥十三世颁发了一篇名为《新事》（*Rerum Novarum*）的通谕，讨论资本和劳动之间的关系。这是一块里程碑，是教皇首次直接针对现代社会的不公平做出的训导。从他的论述可以看出基督教会的观点。利奥详细阐述了私有财产的合理性，并斥责社会主义者宣扬了一种“错误的教导”，利用了“穷人对富人的嫉妒”。[7] 尽管如此，利奥也经常站在劳工这边，反对资本家。他写道，雇主的首要职责是“尊重每个人作为一个因基督徒美德而高贵的人所拥有的尊严”。[8] 作为这种尊严的结果，工作者拥有获得基本生活工资的“自然权利”。[9] 这意味着，不管从事什么类型的工作，任何人只要工作了，就理应得到一份足以供养一个家庭的工资。利奥进一步认为，工作和休息时间应该“取决于工作的性质、工作时间和地点的具体状况，以及工作者的健康和体力”。[10] 他特别以矿工为例，因为他们的工作非常费力且危险，所以应该缩短其工作时间。利奥的观点是，人的尊严——而不是工作的尊严——是处理劳动问题时的最高原则，老板理应为其雇员提供与这种尊严相称的工作条件，即使这意味着体弱的工

人的工作时间要更短。就算他或她不一定能工作一整天，也不存在任何借口，可以给一个人开出低于基本生活费的工资。

对于21世纪的美国人来说，遵照利奥的原则组织一个工作场所，几乎是不可想象的。据此，雇主应该把员工的福祉看得同自己利润一样重要。因为人们有不同的需求和能力，所以
149 在工作中必须以人为本。如果一个护士患有慢性背痛，无法站完整个轮班，那她的工作量就该更小，或者需要工作的时间会更短，同时还能获得全职的、足以维生的工资收入。大多数美国人不能容忍从这个角度出发理解公正，即人们的特殊需要得到满足，或是他们真正的价值得到尊重。就现在的情况来看，人们对罢工的教师感到愤愤不平。[11] 他们只工作了十个月，不就已经得到了全年的报酬吗？这一定很好！很少有人看到教师通过谈判成功获得了一份更好的工作合同后，会想到，也许我也应该加入一个工会。这些反对情绪涌现自一种根深蒂固的个人主义，美国人的工作理念就浸淫在这种由加尔文主义神学滋养的个人主义中。在美国人的心目中，要靠自己去寻找并保住一份能证明自己价值的工作。“没有人欠你什么”是相信这种残次的正义观的人的口头禅。

利奥和后来的教皇一直力图将劳动正义建立在一个更高的基础上。《新事》发表后的九十年，另一位忧心共产主义但致力于工人权利的教皇，约翰·保罗二世（John Paul Ⅱ）撰写

了另一份论工作的通谕《工作》（*Laborem Exercens*），他在其中申明，工作之所以有尊严仅是因为人类有尊严。“衡量人类劳动价值的基础，”约翰·保罗写道，“不是所做工作的种类，而是首先在于如下事实：做这份工作的是一个人。”[12] 也就是说，不是工作让我们有尊严，而是我们让工作有尊严。对约翰·保罗而言，这是因为人是按照上帝的形象所造的造物。在一个多元化的社会中，我们不必像约翰·保罗那样，用神学根据确保每个人的固有价值。世俗的人权论证也可以做到这一点。经济学家吉恩·斯珀林（Gene Sperling）在《经济尊严》（*Economic Dignity*）中提出了这样的论点。斯珀林认为，按照哲学家伊曼努尔·康德（Immanuel Kant）的观点，所有人都值得 150
拥有经济尊严，因为他们从来都不仅是达成某种经济目的的手段，而是一直“自身就是目的”。[13]

不过，不论对尊严的主张建立在何种形而上学基础上，我们只能通过肯定每个人的尊严——无论他们是否为报酬而工作——来打破那种给新教伦理助威造势的焦虑。这样做会大大降低工作的风险。一旦确保了我们在社会中的价值，我们就不会再感到必须在工作中证明自身价值的巨大压力。我们平常在人际工作中受到的轻视——无论是吹毛求疵的老板、抄袭的学生，还是不愿意为停车许可付费的司机——看起来就不会像是对个人的侮辱。它们不会抹杀我们的个人价值或激起我们愤世嫉俗的情绪。

停车场的工作锻炼了那里的服务员，把自己的尊严与工作截然分开。在那部关于停车场的纪录片中，服务员抱怨说，大学校友和刚毕业的学生的父母老是主动给他们提建议，说大学学位能帮助他们摆脱这份毫无前途的工作。一位服务员说，校友们在岗亭遇见他时，会居高临下地跟他说“祝你的生活好运”。他想回答的是：“你不知道我的生活是什么样的。你只是看到我在工作，这并不意味着你了解我的生活。”[14] 这些司机不会知道的是，这些服务员往往是有学位的。他们或者在养家糊口，或者是音乐家和艺术家。上述任何一种情况都不应该对他们来这里上班前的尊严有所影响。不过，他们的工作并没有定义他们。他们在工作岗亭以外的地方找到了热忱和意义。

尊严是人与生俱来的东西，这种观念也为我们争取配得
151 上这种尊严的工作条件做好了准备：与工作者的能力相适的工作量、能够维持家庭生计的稳定工资和工作、对他们决策能力的信任，以及基于每个工作者都同样有价值这一事实而来的公平待遇。更合乎伦理道义的工作会像瀑布一样倾泻而下，从源头上浇灭倦怠。

在我看来，说到人类的尊严，亨利·戴维·梭罗（Henry

David Thoreau）对丧失人性的工作给出了最令人信服的世俗构想。梭罗认为，在工业时代的条件下，不可能过上本真的生活，所以他从中逃离了。诚然，他在瓦尔登湖畔的林居生活并没有完全脱离社会，步伐轻快的话，20 分钟就能从他的小木屋走到他母亲在康科德镇中心经营的宾馆。《瓦尔登湖》开篇第一句话，梭罗吹嘘自己住在“离任何邻居都有一英里远的地方”，但事实上，树林里也满是人类居民：劳动者、旅客、社会弃儿，以及看当地名人的热闹，旁观他们上演一场做作生活的奇观的人。[15] 而且，正如梭罗自己所说，他也把鸟儿和土拨鼠当作邻居。但是，他在这本于 1854 年出版的书中记录的“实验”有力地挑战了工业时代的工作智慧，这种智慧后来凝聚成布克·T. 华盛顿和我们的新教伦理。

今天，一些读者指责梭罗在依赖妇女劳动的同时还自诩独立。最臭名昭著的是，他被指控让自己的母亲和姐妹为他洗衣服。[16] 不知是不是真的，梭罗深爱着自己的家人，也很欢迎人来家里做客。正如他的传记作者劳拉·达索·沃尔斯（Laura Dassow Walls）所写的那样：“要是自己的儿子拒绝了她
那张以丰盛著称的餐桌，辛西娅会多么伤心！”[17] 同时，梭罗 152
和他的母亲一样，是坚定的反奴隶制活动家。辛西娅的家是地下铁路的一个站点，梭罗帮助许多过去是奴隶的人逃到加拿大的安全地带。[18] 约翰·布朗（John Brown）在 1859 年发动的

武装奴隶起义不受欢迎并且最终失败，梭罗也是第一个为之辩解的公众人物，他在康科德镇发表的演讲被全国各地的报纸重印。[19] 嘲弄梭罗所谓的虚伪很容易，但如果我们因此而丢弃他的道德观，那就太愚蠢了。

我并没有以刻板印象中的方式成为梭罗的粉丝。我没有在青少年时期捧起《瓦尔登湖》，渴望摆脱父母和老师的束缚。我第一次读《瓦尔登湖》是在我三十多岁的时候，那时我开始因教学工作不顺利而感到沮丧，不过还没意识到自己正在走向倦怠。当我最终读到这本书时，我很惊讶这本书和工作如此相关。当梭罗看向他的新英格兰同胞时，他看到工作迫使他们摆出荒谬的姿势，造成他们身体和心灵的僵化。他同情那些可怜的劳动者，他们为了得到工作而贬损自己，继而在工作中进一步贬损自己，讽刺的是，这往往是为了追求未来更成功的生活。他们的日子耗费在“生活中过多粗重的劳动上，以至于他们无力摘取生活最精美的果实。他们的手指由于劳累过度，变得太过笨拙，颤抖得厉害”。[20]

梭罗在世时早了几十年，不可能关注神经衰弱，更不用提职业倦怠，但他意识到，美国疯狂的工作伦理不仅自掘坟墓，而且损害道德。自我为了适应工作的要求，反复膨胀和收缩，终有一天会破裂崩溃。“劳动者没有闲情逸致日复一日地追求真正的诚信正直，”他写道，“他没有时间成为任何其他东西，只是一台机器。”[21] 亚当·斯密在18世纪曾担心，一再重复的压力会影响工厂工人的健全心智和感受能力，梭罗像他一 153
样，也认为工业劳动的主要问题就在于它把习惯强加给工人的力量。在他看来，工作把人们设定在一套固定程式中，随着时间推移，这套程式就定义了他们，闭塞了成长的可能性。于是，工作者就变成了行尸走肉。农民“被犁进土里做肥料”。[22] 车夫活着只是为了喂他的马和铲马粪。[23] 在铁路下面铺设枕木的爱尔兰工人变成了他们所建造的东西：“铁轨铺在他们身上，他们被沙子覆盖，火车车厢就在他们上面平稳地驶过。”[24] 根据这种异化劳动的理论，你遭受着与你的工作逐渐同化的巨大压力，这进而剥夺了你的人性。我们至今仍能感到这种压力。即使是一份好工作，也有把你变成一台机器的危险。只需问问医生——他们必须在15分钟内检查完病人并做出诊断，同时还一直在笔记本电脑的键盘上打字。

梭罗希望工作者能得到更好的待遇。他认为，只要人们还在出卖自己的生命当廉价劳动力，传教士或诗人谈论什么“人的神性”就是痴人说梦。[25] 人们要想实现他们真实的神性，就必须打破工作强加给他们的坏习惯。而做到这一点的方法是更积极的自律。梭罗的目标是活成这种新禁欲主义的典范。归隐林间是他的实验，用来表明一旦他摆脱了所有使人麻木的劳动并养成了新的习惯，一种繁荣幸福的人类生活会是什么样子。

因此，梭罗坚持节俭过日，丢弃所有非必要的个人物品(他夸耀自己扔掉了三块经常需要除尘的石灰石)，自己建造小木屋，并找出最简单的方法，能够“借助某种诚实且合意的手段赚取 10 或 12 美元”[26]。他决定种豆子这种经济作物，
154 这份杂活全年只需要六个星期，就能让他净赚近 9 美元。作为意外收获，锄豆的工作还带领梭罗进入了审美愉悦和灵魂狂喜的状态。“当我的锄头在石头上叮当作响时，那音乐回荡在树林和天空间，成为我劳动的伴奏，我瞬间收获了不可估量的庄稼。我锄的不再是豆子，锄豆的人也不再是我。”[27] 他进入了一种让人联想到“心流”的状态，但是，与今天宣扬敬业的专家们说的不一样，这并没有激励他工作得更久，或在任务中更加投入。这是一种乐趣，不过，这种乐趣根据他的需要受到限制。任何工作，即使是很好的工作，如果你做得太多也会变糟。梭罗开玩笑说，如果他一直在豆田里“消遣”，“可能就会变成恣情纵欲了”[28]。

我们都在商业或健康网站上读到过防止或治疗职业倦怠的一般建议：多睡觉，学会说不，按照紧迫度和重要性来规划你的任务，冥想。这些基本上都是迷信：个人的、流于表面的行动与职业倦怠的真实成因脱节。相比我们个人进行组织规

划的方法，我们的工作场所和文化理想对职业倦怠的影响更大。尽管如此，个人在面对职业倦怠时并非无能为力。我们的确有责任在工作时根据现实条件调整我们的理想。而梭罗，这位宣扬自力更生的个人主义者，可以帮助我们找到方法。

有时候，梭罗听起来像一个 21 世纪的生活黑客，那种标榜自己一周只工作两小时，却能在 17 岁前就赚到足够退休金的人。这也许是他无意间惹怒一些读者的原因。他已经放下执念，不再做一只兢兢业业的工蜂，而你仍然过着平静而绝望的生活。梭罗告诉一个劳动家庭，如果他们戒掉咖啡，改吃素 155
食，就会省下更多的钱，变得更健康，更不必说，他们的良心也会更清白。这听起来站着说话不腰疼。[29] 可是，如果说有什么还能补救一下梭罗的自鸣得意，那就是，他真诚地相信，我们都有能力超越工作强加给我们的狭隘视野。这是对美国式独立理想的激进信仰；我们每个人都可以决定自己的人生道路，因为我们每个人都有无限的潜力。梭罗在最卑微的工人身上看到了这种潜力，比如一个开怀大笑的加拿大伐木工人，他的泰然自若令梭罗觉得“生活的最底层或许有天才……尽管看上去可能昏暗而浑浊，却像瓦尔登湖被认为的那样深不可测”[30]。

《瓦尔登湖》中，我最喜欢的寓言故事传达了这种乐观主义，即当人们从工作中抽身出来，释放他们潜在的才能时，会发生什么。梭罗介绍了约翰·法默（John Farmer），他“辛勤工作了一天后……坐下来调剂（recreate）自己的脑力”。[31] 这个人的状态能够引起今天任何一个疲惫不堪的工作者的共鸣，他们为了别人的目的做了一整天的职能人员之后，试图重新组织他们完整的自我。梭罗的用词，“recreate”有一种绝妙的模糊性。它是重塑还是消遣？这个人可能两者都需要。他坐着，心思还在工作上，但过了一会儿，一阵笛声闯入他的脑海。他试图忽略，但它一直夺走他的注意力。我喜欢这种平凡生活中的一丝超脱，喜欢这种理念，即美不容许你忽略它。那乐声“来自另外一个与他的工作环境完全不同的领域，回到他的耳畔，唤醒他身上沉睡的官能”。很快，音乐带领约翰·法默超越了他当下的环境。

156 有一个声音对他说，你明明有可能成为荣耀的存在，为什么还待在这里，过着这种卑贱又辛苦的生活？同样的星辰在别处闪耀着，而不是在这里——可是，怎么才能摆脱这种境况，真的移居到那里呢？他所能想到的，就是实践某种新的苦修生活，让他的心灵屈尊降入身体，对它进行拯救，并且越来越尊重自己。[32]

实际上，发生在约翰·法默身上的三个行动并不是相互分离的。你开始苦修，减少你的消费和劳动，部分原因是你已经意识到你注定要做比你的工作更重大的事情。你已经听到了音乐和那个声音，你已经准备好开展一项道德和精神计划，让自己重新恢复完整。你比职业倦怠好得多，而且你可以为此做些什么。从信守你本就拥有的尊严开始。

梭罗限制了他的日常劳作，这样他就可以自由地“跟随我天资的意向，每个刹那它都变化多端”[33]。这种天资是一种精神实体，是个人的精神气质，它为每个人所独有，同时也与自然和更高的人类理想相关联。你的天资召唤你自我超越，“追求比陷入沉睡更高的生活”。问题是，与它竞争的是工厂的时钟和哨子——或电话通知——的“机械催促”，后者召唤我们贱卖自己。[34]

为了自己的天资而限制工作，不仅为梭罗赢得了更多的时间，而且彻底改变了他与时间的关系。平常的工作消耗了你在世上为数不多的时光，追随天资则会让你超越时间，进入永恒。梭罗夸耀自己整个早晨都待在门口，“沉浸在玄想中”，尽情享受着如果他去锄豆就会浪费掉的时间。这些时间“不 157
是从我的生活里减去的时间，而是远超出平常的时间限额”。[35] 它们不是挣来的；它们是礼物。

只要工作与你的天资匹配，你甚至有可能在工作时完全逃出时间。《瓦尔登湖》最后一个寓言故事说的是“一位科罗城的艺术家，生性追求完美”。他想雕刻一根完美的手杖。“由于他不向时间让步，时间也只好退开给他让路”，梭罗这样描写这位艺术家。“不知不觉中，他的一心一意，以其高尚的虔诚，赋予了他长驻的青春。”他还在工作，他的朋友们却逐渐衰老，去世。王国灭亡，被人遗忘。甚至星辰都移位了。但这位艺术家在制造手杖时，创造了一种全新的东西，“一个新体系，一个比例合宜的世界”。待他完成工作，他意识到“从前时间的流逝只是一种幻觉，过去的时间只不过是梵天的脑海中闪烁的一个火花，落入凡人的大脑并点燃其中的一点火绒所需的时间”[36]。

我们通常不太会以这种方式体验工作时间。这位科罗城的艺术家瞬间进入永恒，再次让人想起米哈伊·奇克森特米哈伊理论所说的心流状态。这是对全面工作所造成的无暇安息的逆转。全面工作要求每时每刻都必须有盈利。在这种制度下，我们没有一整天的时间。用艺术家兼作家珍妮·奥德尔(Jenny Odell)的话说，我们有的只是“有潜力变现的24个小时，有时这甚至不受时区或我们睡眠周期的限制”。[37] 在我还是一个陷入倦怠的大学教授时，我的大脑紧张兮兮地感受着时间的流逝，就好像我总是落后。我盯着一本书，会想到：现在是晚上九点，我还没有做明天早上的课程计划，然后又喝了

一杯啤酒。现在已经十点了，我离备好课还差得远呢。逃避时

间的焦虑和逃避全面工作，可能是同一件事。

很多人认为，自己的工作时间乃至在此期间的一切想法和欲求都属于他们的老板，在他们看来，无论是教皇利奥十三世提出给所有劳动者一份基本生活工资，还是梭罗展望人们追寻自己的天资，似乎都是无望的理想主义。很难想象公司高管会发布一份备忘录，说员工可以为了沉思而随意缺席一个上午的工作。但是，我们可以想象，贯彻梭罗的原则能够隔绝许多导致职业倦怠的近因。工作太多和自主权太少会导致倦怠；梭罗的方案给工作设限，是为了培育自我决断权。梭罗的个人主义倾向导致他低估了集体的价值。不过，他想创造一种环境，在其中，认识到自己尊严的人能够追随自己的天资，进而投身于一项更崇高的事业：按照自己的价值观生活。

为了终结倦怠文化，我们必须改善工作条件，同时减少我们对工作的社会、道德和精神期待。不过，的确可以说，改善某些工作条件——增加工资，让工作者可以更自主地安排自己的工作日程，建设更具合作性的管理模式——将会为工作更深入地支配我们的生活大开方便之门。如果工作是高薪的、舒适的，甚至是令人愉快的，那么为什么不一直做下去？因此，改善工作条件最终不仅会增加工作量，而且会抬高理想。

如果理想和工作条件就像一对高跷，总有背离彼此的危

159 险，把踩在其上的人扯向相反的方向，那么，更好却强度更大的工作也许不能真正缓解职业倦怠。它可能会使工作条件与理想更接近，但踩在更高的高跷上，哪怕是轻微的摇晃，也会造成灾难性的后果——就像大型医疗保健系统中的医生们的工作，高薪但压力很大。这个论点并不是在反对让工作变得更好，而是说，如果提高工作者的舒适度和报酬的同时，也让工作要求变得更苛刻，那就不足以防止倦怠。

因此，为了避免劳动强度变得更高，我们即使在呼吁改善工作条件时，也应该呼吁减少工作。政治哲学家卡蒂·威克斯在她 2011 年出版的《工作的问题》（*The Problem with Work*）中就是这么做的，她试图放松工作对我们道德和想象力的控制。威克斯以一名马克思主义的女权主义者的视角进行写作，但她批判了马克思主义和女权主义中主流的思想倾向，即赞同工作是通向更广泛的政治解放的关键。在她看来，如果大环境仍把工作视为社会声望的首要来源，那么女权主义推动性别平等，只会增加女性的工作量。[38]

相比 20 世纪中期，即倦怠文化出现之前，现在当然有更多女性从事有偿工作。从 1950 年至 2000 年，美国女性在劳动力中的占比急剧增长。[39] 在同一时期，众多富裕国家的女性每天花在照顾孩子上的时间越来越多；在这些国家中，受过大学教育的女性比受过较少教育的同辈花在孩子身上的时间更多。男性花在育儿上的时间也显著增加，尽管仍然少于女性所花的时间。[40] 在后工业时代长大的妇女和女孩一遍又一遍地听到，她们可以“拥有一切”：孩子、事业、集体、友谊。但 160
是，拥有一切，意味着你的整个人生都被全面工作的残酷逻辑所支配，特别是当母亲身份本身被视为一种工作时。[41] 在威克斯看来，工作的问题与梭罗指出的问题相似。更多的工作，意味着工作塑造和摧毁你的力量更大。工作“不仅产生收入和资金，而且生产有纪律的个人、可管理的主体、有价值的公民和负责任的家庭成员”，威克斯写道。[42] 这也是马克斯·韦伯的观点，他称资本主义是一个“骇人的宇宙”，“用压倒性的胁迫”把我们变成它需要的那种勤劳的摇钱树。[43]

威克斯希望女权主义能通过除工作以外的方式解放女性；她希望女权主义支持“一种对工作社会的构想，一个不是有待完善而是有待克服的工作社会”。[44] 她承认，她不知道这种社会将是什么样子，但这也是问题的一部分。我们需要更多的时间离开工作，“才能针对目前关于工作和家庭生活的理想和状况，创制出替代方案”[45]。简而言之，要想打破父权制和异性恋歧视的重重束缚，就必须减少工作，因为工作助长了它们的延续。如今，主流的女权主义者争辩说，减少工作时长会使男性和女性都有可能把更多的时间花在抚养孩子上。在威克斯看来，这只是在呼吁为了一种形式的劳动而减少另一种劳动。她希望我们想得更长远，认为缩短周工作时间会解放人们去“想象、尝试并参与我们自己选择的亲密关系和社交关系”。[46] 如果我们不再尝试从工作的角度证明育儿的合理性，我们的生活会是什么样子？如果我们不再根据生产力和（他人的）利益来安排我们的时间，会是什么样子？这会让什么样的存在方式成为可能？如果自决权是政治目标，那么工作必
161 须受到限制，人们才能根据他们对美好生活的想象，在集体中塑造自己。

教皇训导、超验主义和马克思主义的女权主义，三种大相径庭的观点在少数几个思想上达成共识。他们都反对工业时期的工作伦理，这种伦理构成倦怠文化的思想和道德背景。利奥、梭罗和威克斯都提出了一套促进人类繁荣发展的模式，工作在其中只起辅助作用。他们看待后工作伦理社会的准则——人的尊严、更短的工作时间、基本生活工资和自我决断权——的不同方式，表明有可能凝聚社会各界的广泛共识，取代这种主导了工业社会两个多世纪的工作伦理。尽管他们的观点各有不同，但这些思想家都同意，有偿劳动妨碍人们过一种美好生活。在某些情况下，他们提出限制工作的理由截然相反。利奥十三世想减少工作时间，制定基本生活工资，是为了巩固父权制家庭，在他眼中，这对人类繁荣发展而言至关重要。他希望更高的工资能够实现“最神圣的自然法，即父亲

应该为他生的孩子提供食物和所有必需品”[47]。威克斯呼吁实施类似的政策——每周30小时的标准工作时长以及全民基本收入——但其目的是为了开辟超越父权制的可能性。[48]

威克斯在《工作的问题》最后几页中写道：“我们每个人都需要过一种充实而有意义的生活；如果生活的条件仅仅由外界掌控，一个人就没办法过好生活。”这听起来出奇地像梭罗。但她的下一句话就与更加个人主义的梭罗分道扬镳。“话虽如此，开启新生活也必然是一项集体的努力；一个人不可能单凭自己得到像生活这样宏大的东西。”[49] 它必须在一个集体内才能实现，这个集体能够尊重所有成员的尊严，并包含大家 162
共同想象的、新的生活条件。

我已经看了很多遍《停车场电影》。就算我没有在转角停车场工作过或者短暂出演过这部影片，我想我也会被服务员们分享的工作智慧吸引。斯科特·梅格斯（Scott Meiggs）比我早几年就在停车场工作了，他有一句话一直令我迷惑不解。梅格斯认为停车场是其员工的一个过渡处。我们大多数人都有更远大的梦想，而停车场是一个规划这些梦想的好地方。但梦想并不总是能实现。梅格斯拖着朋克式的长腔说：“无论我们做什么，似乎都不如我们在停车场时曾拥有的那种潜力。在停车场，我们是发动机，是旋风。我们是统治者。我们有完全的自主权。世界没有给我们任何东西，我们却已然拥有了一切。”[50] 这是一段激动人心的独白。他所描绘的景象让我联想到自己在停车场工作那年重新建立起来的自尊，在那之前，研究生阶段已经碾碎了我的自我。不过，我从来没有完全理解梅格斯最后一句话的意思。这句话看起来总是意味深长，可仔细一想，又说不通。我们怎么会拥有了一切？世界难道没有什么东西能提供给我们吗？对我来说，这逻辑似乎无法自洽。

在我陷入倦怠，辞去了自己当初在停车场工作时朝思暮想的工作后，我开始明白了。当你还未经实践检验的时候，你可以认为你能够做到任何事情。你可以在你的头脑中，在潜能中拥有一切。你——有可能——成为一位伟大的艺术家、音乐家、学者或其他什么大人物。然而，一旦你实际着手去做，就
163 有达不到标准的风险。除了碧昂斯（Beyoncé）或汤姆·布雷迪（Tom Brady），每个人都知道，在头脑中拥有一切，却在现实中遭遇更低的天花板是什么感觉。这与那条导致职业倦怠的鸿沟没有什么不同。事实上，肯定是因为我们顽固地认为只要再努力一点就能拥有一切，才导致了倦怠。我们通常将潜力与年轻联系在一起；这是雇主想在工作者身上找到的东西，但他们最终会逼得太紧，或不给他们提供任何支持，之后就对其感到失望。尽管如此，坚守这些宏图壮志仍是合理的，甚至是必要的。即使人到中年乃至迟暮，想象我们将来能成大事，想象我

们最好的日子就在前头，都是很好的。没有这些，我们就没有自我发展的基础。因此，我们需要梦想我们的潜力。用梭罗的话说，我们需要不断地认真倾听那阵来自其他领域的音乐，保持对更高生活的憧憬。

随着我更深入地思考倦怠和潜力，我意识到斯科特·梅格斯那句高深莫测的话——“世界没有给我们任何东西，我们却已然拥有了一切”——里面，可能藏着一种更激进的观点。也许，潜力根本就不是“现实生活”中有待实现的东西。潜力可能只是那种“完全自主”的感觉，不需要把这种自主权转化到外部世界，当然也不需要在某家能赚钱的企业里实现它。我现在确信，梅格斯说的“这种无限的快乐，是一种当下的体验”，这是一位署名为阿隆佐·苏波（Alonzo Subverbo）的作者的解读。针对这部电影，他发表了一篇博客文章，他说：

> 这不是在说，他盼望成为发动机、旋风、统治者，而是说当时他就是这些东西。潜力不是在未来某个时刻会实现其价值的东西，而是就在当下……这与教育者或雇
> 主严肃讨论的潜力相差甚远。它向着这片领地、沃尔特· 164
> 惠特曼、摇滚乐进发。这就是转角停车场。[51]

卡蒂·威克斯想要的不就是，彻底地重新想象“拥有一切”可能意味着什么吗？在瓦尔登湖，当世界无视梭罗的第一本书，只让他从事自降身份的劳动时，他拥有的不就是一切吗？“我最大的本领，”梭罗写道，“就是要得少。”[52] 他希望节制欲望，加上无拘无束的想象力，可以解放他，让他追随天资，救赎自己。这就是你可以拥有一切的方式。但它永远不只是你独有的。阿隆佐·苏波提请人们注意斯科特·梅格斯在声明时，主语是“我们”。[53] 我们可以拥有一切。我们共同拥有这种潜力。同时它也属于每个人。

为了预防和治愈职业倦怠，我们需要调低工作理想，但是，我们不需要降低我们的全部理想。如果非要说的话，我们恰恰需要对自身怀抱更高的理想：普遍的尊严，无限的潜力，拥有一切，拒绝目前这样建构的世界——它什么也不给我们。根据这些理想，构建一种新生活，乃至一个集体，将是一步大胆的举措。但有些人正在尝试。让我们看看他们是怎么做的。

第七章

本笃会如何驯服工作中的恶魔

20世纪90年代中期，新墨西哥州北部一个偏远的峡谷 165
里，荒漠基督教修道院（Monastery of Christ in the Desert）的本笃会修士们每天上午都聚在一个还是泥地板的房间里，坐在十几台捷威电脑前，创建互联网站。一座耶稣受难像挂在墙上，正下方是一块白板，他们就在这上面画网页草图。他们在做本笃会修士已经做了一千多年的工作，只不过是数字时代的版本。他们是抄写员。

修士们给他们的网页设计服务起了一个有点蹩脚的网名：scriptorium@ christdesert，并把目标锁定在各堂区和主教辖区这个庞大的天主教市场；他们甚至希望能与梵蒂冈签订合同。缮写室（scriptorium）制作的页面，外观近似中世纪装饰华丽的手稿（他们就用一个很原始的手机作为调制解调器，这肯定要花好长时间才能上传）。因为他们的产品是电子版的，所以修士们住得偏远也不妨碍工作，尽管他们的手机费每月超过一千美元。[1] 该项目既是为了盈利，也旨在造福 HTML 抄写员的精神生活。修道院院长菲利普·劳伦斯（Philip Lawrence）从1976 年开始领导荒漠基督教修道院，直至 2018 年退休。他当时告诉记者："我们现在做的事情更具创造性，这对修士来说
166 是好事，如果你在做一些具有创造性的事情，它会催发出灵魂的一个全然不同的面向。"[2]

缮写室大获成功。它得到了国家新闻报道的推动，很快就接到大量的订单——其中一单就来自罗马教廷。玛丽-阿奎那·伍德沃斯（Mary-Aquinas Woodworth）修士的俗世工作是系统分析员，1996 年，他预测这将使修道院的收益翻两番。[3] 有一次，修士们的网站流量极大，导致整个州的互联网服务崩溃。[4] 玛丽-阿奎那修士向美国主教提议，建立一个天主教的互联网服务供应商，并把美国在线（AOL）当时处处可见的拨号上网服务供应商——称为"模范和竞争者"。[5]（主教们通过了他的建议。）随着缮写室声名鹊起，他开始酝酿在圣达菲（Santa Fe）开设办公室的计划，但要是在新墨西哥州找不到他需要的空间，他也愿意将目光投向更大的城市，包括纽约和洛杉矶。他梦想雇用多达两百名员工。[6]

但后来，缮写室于 1998 年停业了。修士们不可能为了完成订单而 18 小时轮班工作。他们不可能一边回复客户的电子

邮件，一边祈祷、学习或一起吃饭——后者是不容更改的活动，占据了他们一天中的大部分时间。院长菲利普写了一封电子邮件告诉我，这个项目结束了，因为他无法证明缮写室所要求的工作是正当的。这份工作需要培训修士很久，他却无法充分利用他们的技能，因为一个修士刚开始设计网页，不久之后，院长就得送他去学习神学。玛丽·格拉纳（Mari Graña）的《沙漠中的兄弟》（*Brothers of the Desert*）讲述了修道院的历史，她在书中写道："设计服务接到了这么多订单，让这份起初看起来不会干扰静修生活的完美工作，很快就开始侵占这种生活。"[7]

不用说，在这条峡谷以外的世界，没有一家公司会叫停像 167
scriptorium@ christdesert 这样前景广阔的事业。如果员工跟不上订单进度，它就会雇用更多的工作者。在资本主义精神的支配下，它将鼓励人们加班。但修士们不能这样做，否则就会违背他们加入修道院的初衷。所以，他们退出了。

我选择荒漠基督教修道院的修士，是希望在美国找到一种尽可能远离倦怠文化的工作模式。我试图挖掘工业时代对劳动的假设，最终发现其下埋藏着中世纪的基岩。我知道，1500 年来，工作一直是本笃会修行生活的重要部分。"祈祷并劳作"（*Ora et labora*），是罗马天主教修士和修女们的座右铭，他们按照6世纪的圣本笃准则生活。但我也知道，该准则把祈祷作为修道院的第一要务。我从他们的网站了解到，荒漠基督修道院的修士一周工作六个上午，上午九点开始，中午过后结束。我想知道，生活在一个每天只工作几个小时，会放弃像数字缮写室这样大有潜力的项目的集体里，会是什么感觉。

所以我走进了沙漠。一年秋天，我在圣达菲租了一辆车，隆隆驶过二十公里长、坑洼不平的碎石路，从高速公路到修道院的这段路和里约·查马河（Rio Chama）的每一道弯平行，修道院坐落在一座赭色平顶山脚下，山间点缀着墨西哥果松。穿过宽阔的峡谷，万里无云的碧空下，棉白杨亮黄色的树叶在风中熠熠生辉。我从未去过这样美的地方。

168 尽管如此，我仍然疑虑重重，不确定我在那里会遭遇什么。作为这次旅行的准备，我读了一些沙漠教父的格言，他们是最早的基督教修士，离开了公元3世纪的城市令人发狂的喧嚣，到埃及的荒野里生活。他们经常谈到恶魔，包括“正午恶魔”怠惰；这种徒劳无益的焦躁情绪，让他们不能好好祈祷。公元4世纪的隐士圣安东尼（St. Antony）说，如果你去了沙漠，却没有放弃此世的一切，魔鬼就会撕裂你的灵魂，就像野狗撕咬一个赤身裸体只带了肉，从城中走过的人一样。[8]我想知道，在这寂静无声、星光灿烂的峡谷里，会有什么恶魔来造访我？到访的第二天，我告诉一位和我年龄相仿、戴着眼镜和黑色无檐便帽的教友，沙漠教父的话让我很担心。我希望他能让我安心，告诉我，他们只是在夸大其词。不幸的是，他回答说：“有很多恶魔。”他的语气没有任何一丝开玩笑的意味。“这就是我们在这里的原因。”

这几天和修士们一起工作、祈祷，我意识到，无休无止、着了魔的美国工作伦理也是这些恶魔之一，它肯定是缠扰我和我认识的大多数人的一只恶魔。我们的社会几乎完全受其掌控。即便我们的工作条件越来越差，它却使我们的工作理想不断膨胀。我们通过工作来评估人们的价值，贬低任何无法工作的人。我们放弃休假时间，急于证明我们是不可或缺的。约瑟夫·皮珀称全面工作是“历史上有如恶魔般的力量”。[9] 这个恶魔正在推动倦怠文化愈演愈烈。

这些修士们也在与这只恶魔做斗争。菲利普院长在他的每周通讯中指出，“精神生活就是精神的战斗”。他写道，时不时地，尘世生活的诱惑就会出现，包括“与他人的冲突，网上花的时间过久，使我在社群内的工作变得反而比花时间祈祷等事情更重要”。他承认，“有时，完全放弃沉思生活似 169
乎会容易得多”[10]。菲利普院长的讲话让我想起福音书中耶稣在沙漠里受到撒旦试探的故事。撒旦向耶稣提供了实实在在的好东西：面包、财产、权力。[11] 工作伦理也提供了实实在在的好东西：工资和生产力的提高以及他人的尊重。但引诱者提供东西总是有代价的。对修士而言，和工作带来的好处同台竞逐的是，他们的精神理想及其与上帝的关系。世俗生活中，要获得这些好处就意味着必须服从老板，身心受到摧残，并且永远都有更多工作要做的感觉。为了赢得工作伦理的大奖，你必须冒着陷入倦怠的风险。这里还有一个诱惑是，误以为它不可能发生在你身上。

不过，菲利普院长和他的修士兄弟们设法驯服了这种工作伦理的恶魔，他们在追求更高的善好时，限制了他们的劳动。我们这些生活在——用修士的话说——“尘世”的人，需要学习它们的策略。我不认为，我们都必须加入修道院才能过上美好生活。但是，修士们的原则，即限制工作并使之服从于道德和精神福祉，或许能帮助我们抵御恶魔，让劳动与我们作为人类的尊严保持一致，终结倦怠文化。

我到访的第三天是一个寒冷的周一，凌晨三点半，修道院规律作响的钟声把我叫了起来。我穿上靴子和大衣，拿起手电筒，从低矮的土坯客房出发，步履艰难地沿着峡谷走了四百米，来到小教堂。我走进去，在为宾客预留的角落里坐下来。
170 钟声在四点前再次响起，这次更加急促。三十多个修士，都打着哈欠，抽着鼻子，穿着或修身或宽松的黑色长袍，列队入座唱诗班席位，他们分成两组，隔着祭坛面对面。

我们打开螺旋装订的小册子，开始时辰礼仪（Liturgy of the Hours）的第一节或称“功课”，时辰礼仪是穿插在修道士一天中七个时段的公共祷告。修士和宾客们用格里高利圣咏（Gregorian chant）朗诵圣诗，持续大约75分钟。我们休息15分钟，然后再回来读一个小时。宾客们一边喃喃低语，一边琢磨着中世纪的乐谱。没有人，甚至也没有修士，突出自己的声音，所有人都发出一种柔和一致的声音。

有一次，一位修士站在诵经台上，像往常一样在周一早上宣读保罗写给帖撒罗尼迦人的第二封信中的一段话：“若有人不肯作工，就不可吃饭。”[12] 用严厉的告诫开始新的一周。这位修士读完后，回到自己的座位。我们继续咏唱，然后做弥撒。弥撒结束时，大约是早上七点，修士们两两排开。他们向教堂中央的祭坛深深鞠躬，跪拜在供奉圣体的圣龛前，再互相鞠躬，最后戴上兜帽离开。

八点四十五分，钟声再次响起，修士们穿着牛仔裤，身罩连帽短袍，又回到了小教堂。这就是他们的工作服。最年轻的修士才二十岁出头，穿着运动裤和运动鞋。这次，他们祈祷说，他们会记住基督的牺牲，基督在十字架上挂了三个小时，他们会用这三个小时来做饭和打扫卫生，照料他们的花园和羊群，照看礼品店，整理许多加入社群的外国修士的移民文件，以及制作啤酒、肥皂、木质念珠、皮带、贺卡等商品，帮助维持修道院的运转。

171 十二点四十分的钟声响起，一天的工作就结束了。就这样；修士们履行了他们对保罗的承诺。他们打扫卫生，再做一次简短的祷告，然后一边安静地吃他们的正餐，一边听一位修士为他们读一本讲美国天主教历史的书。他们下午休息或者默祷，吃一顿简餐，晚上开一场简短的集体会议。一天中的最后一次礼拜完全用拉丁语进行，晚上八点前以向信众洒圣水的仪式作结。之后，大静默（Great Silence）就开始了，此时修士回到各自的小房间，不可以说话，直到第二天早上才重返工作。

西缅神父（Fr. Simeon）言谈间总是流露着做辩护律师多年来培养出的自信，我问他，当十二点四十分的钟声响起，但你觉得自己的工作还没有完成时，你会怎么做。

他回答说："那就放下它。"

放下，是我们在世俗生活中几乎不会进行的精神训练。但正因为它，修道院才能够用深具人道关怀的态度对待工作。住在峡谷中的本笃会修士严格管理自己的时间和注意力。这样做能节制他们的欲望，同时也把劳动限定在一定范围内。他们放下了工作，因而可以继续做对他们来说更重要的事情。

工作让位于祈祷，印证了约瑟夫·皮珀的观点，即突破全面工作的方法在于休闲。而且对皮珀来说，休闲的最高形式就是敬神。“除非在节庆中敬拜上帝是为其本身而做，否则这件事就是不可能的，”他写道，“这种对世界整体的最崇高的肯定形式是闲暇的源泉。”[13] 敬拜对其他任何事情都没用。它与 172
我们只重视“生产”活动的倾向针锋相对。犹太神学家亚伯拉罕·约书亚·赫舍尔（Abraham Joshua Heschel）在他 1951 年的《安息日》（*The Sabbath*）中复述了这一见解。在他看来，无论是“技术文明”还是工作对自然的征服，每周的休息日都与之毫不相称。“安息日不是为了工作日，工作日是为了安息日，”赫舍尔写道，“它不是生活的一个插曲，而是其巅峰时刻。”[14] 闲暇的首要地位也有世俗表达。政治哲学家朱莉·L. 罗斯（Julie L. Rose）认为，空闲时间是一项人权、一种资源，对于自由社会向公民许诺的自决权而言不可或缺。因为除非其他人有和你一样的休息时间，否则你无法进行许多公共事务、娱乐消遣或家庭活动，所以，在一个多元社会中，法律理应每周有一天禁止大多数工作。[15] 但无论我们如何为之辩护，关键是要允许某种更高的善对工作进行硬性限制。某种东西必须是神圣的，工作才能是渎神的。

单凭自己，我们很难坚持这样的限制，所以我们需要集体来帮助我们放下工作，强行给它划定界限。圣本笃写道：“没有什么比上帝的工更优先。”他指的是时辰礼仪。[16] 迟到的修士应该“当众悔罪”。[17] 我拜访荒漠基督修道院那会儿，有两三次，一个修道士在仪式已经开始后才来到小教堂。每次，他都径直走到教堂中央的祭坛前，低着头跪在水泥地上，直到上级用敲门声示意他可以起来，到自己的唱诗班席位上坐下。悔罪只持续几秒钟，但这明显是在责备他把某件事——一场简
173 短的谈话，最后一遍检查工作，去趟洗手间——看得比上帝的工更重要。

无论是工作还是祈祷，修士们通常都不慌不忙。*Un travail de bénédictin*，字面意思是本笃会的劳动，这句法语表达指的是那种只有通过耐心、谦逊、不懈的努力，经年累月才能完成的项目。这是一件急不来的事：阐释整本《圣经》，书写千年的历史，记录全年夜晚每个小时的星象。这种工作在季度收益报告中并不好看。它既不能最大限度地利用计费工时，也得不到加班费。但它是一种没有焦虑的工作方式，这种焦虑迫使我们投入大量时间，过得紧张又忙碌，并为了追求“更好”的工作，每隔几年就迁居别处，彻底改变自己的生活。一位上了年纪的修士，驼着背，镜片后的双目炯炯有神，周日弥撒后，他一边吃着自制的饼干，喝着速溶咖啡，一边告诉我，他正在为修道院图书馆的所有书籍编目，这是十四年前分配给他的任务。他开始了这项工作，并且日复一日，一本接着一本坚持在做。他甚至离完成还差得远呢。

本笃会修士有时说他们的目标是把祈祷和工作合并起来，让祈祷并劳作变成一个活动。从某些方面来说，他们的祈祷本身看起来就像一种工作，起得早，遵循严苛的时间表。但是修道院的祈祷与世俗的工作相比，区别大于相似：没有工资，没有升职，也没有生产定额。它从来不会让修士因为完成不了而忧心忡忡。修士不能推掉当天的日课，发誓明天会加倍努力祈祷。他们不能用祈祷来证明自己在别人眼中的价值。他们不会因为机器人会取代他们而感到焦虑。在中世纪，修士们很早就开始使用水磨，以提高农业劳动效率，腾出更多的时间来祈祷。[18] 荒漠基督教修道院的修道士则依靠太阳能和卫星通信。 174
本笃会修士注重效率，只不过涉及祈祷时就不一样了。十五个世纪以来，他们从未试图提高祈祷的效率。

事实上，荒漠基督教修道院的修道士特意抵制在做日课时谈效率，他们诵读祈祷文的速度比一般天主教教区的人慢得多。我最开始那几次参加祈祷时，对这种节奏越来越不耐烦，这是另一只恶魔在折磨我。修士们交替合唱《诗篇》，位于小教堂里两个相对角落的唱诗班轮流唱词。诗句之间的停顿对我来说太长了。我们在浪费宝贵的每一毫秒。修士可以祈祷得更快，但他们不想这么做。没有什么比这更好的事情等着他们去做。

星期一早上，祈祷结束后，我到负责接待客人的修士，即客房管理员的办公室报到，但我们都没有事情可做。于是，我们受工作伦理的恶魔引诱，找到了事情做。有人注意到修道院接待处的窗户很脏，想说有没有清洁剂可以清理它们。其他人在擦窗台的灰尘，捡起庭院里散落的一点垃圾。一个五十岁左右的高个子说他想清理一条杂草丛生的石子路。我也想帮忙，所以就和他一起去了。拔了一个小时的风滚草，还用石头标记了道路边缘，我们很满意自己的工作。

我回到客房，遇见两个正在收拾厨房的中年妇女。我喝了
175 一杯水，就让她们继续忙活了。与此同时，戴着蓝色丁腈手套的年轻修士正在快速进出卫生间和空客房，为新来的客人做准备，其中一位戴着一副不显眼的微型耳机。他们完成工作后，就坐在一间客房外的椅子上，靠着椅背，用越南语聊天。他们像其他体力劳动者一样在歇息。他们甚至在钟声响起之前就朝回廊走去。

西缅神父告诉我，他指导来自世界各地的见习修士时，看到许多不同文化的工作伦理。他说，美国人对工作最为痴迷。但他发现，不管来自哪个国家，更年轻的修士都需要时间来适应修道院的时间安排和祈祷的优先地位。他说，年轻的修士经常因自己的工作感到焦虑不安。他们很难消化这一事实，即工作时间结束，他们就可以把活儿放在那儿，第二天再继续做。

他们想要证明自己，因为他们还没有明白，过一种为世界——一个他们已经弃绝的世界——祈祷的生活意味着什么。“你在奉献自己的生命，却看不到任何结果，”西缅神父说，“所以你当然想工作。”

修士们可能并不是欲求明白可见的结果，而是他们确实需要养活自己。他们必须与世界打交道；毕竟，钱就在那里。客房是修道院的一个主要收入来源。（它在疫情开始时关闭了。）修士们也依赖捐款。近几十年来，他们尝试过多种经营项目，以求在盈利能力与保持使命的完整性之间达成恰当的平衡。他们在圣达菲开过一家旧货店和一家礼品店，每家都维持了几年。他们还试过养蜂，但从来没有生产出足够多的蜂蜜 176
能够出售盈利。他们与索尼杰作公司（Sony Masterworks）签订了唱片合约，制作他们的圣歌 CD，并主持了学习频道的一个电视真人秀节目。在节目中，五个人——其中少不了一个我行我素的麻烦人物——像修士一样生活了四十天。

缮写室是最具野心的项目；其潜力似乎是革命性的。这个项目的领头人是玛丽-阿奎那修士，他具有罕见的技术能力和广阔的视野。1998 年，他说，从事信息技术工作的修士需要有“一种新的灵性”。“它要求极高，需要精力高度集中。你往往要花八到十个小时才能搞懂一个难题，”他说，“它不太适合修士的日程安排。”他对比了本笃会劳动的农业起源与信息时代的模式。“在某种程度上，现代意义上的工作是一种更完美的设想。”[19]

圣本笃自己也承认，修士团体中将有一些成员具备市场需要的技能。要想生存下去，就应该这样。不过，他向修士们发出严厉警告。如果一个工匠“因其手艺高超而自鸣得意，觉得自己在赐予修道院什么好处”，就应该命令他停止工作，直到他能够谦逊地做事。[20] 用世俗的眼光来看，这个规则没有道理。修道院外的世界把才能视为一种稀有商品，公司竞相争夺专业知识过硬的工作者——无论他们是程序员、外科医生还是守门员——然后尽可能让他们工作得越久越好。企业相信，这就是最赚钱的方法。然而，在修道院里，专业知识可能会妨碍社群健康发展，阻碍专家的精神成长。一个熟练的工匠如果一心扑在自己的技艺上，就会不断发展自身才能，变得
177 更高效。但这种投入伴随着骄傲的风险，骄傲是人类的原罪。如果修士不保持警惕，或者他的兄弟们不帮他保持警惕，技艺带给他的乐趣也许会超过技艺本来的目的。

菲利普院长在给我的电子邮件中写道：“即使到现在，在保持修士这一首要身份的前提下，把他们培养成工匠和艺术家，仍是一大挑战。”一位才华横溢的编织工和一位家具制造师分别离开了修道院，回到俗世干他们的手艺活儿。“我们的

挑战是培养一名修士，”菲利普院长继续说，“而有时候，其他的活动已然变得更重要，我们造就一位伟大的艺术家的同时，也失去了这名修士。”

玛丽-阿奎那修士也在1998年离开了修道院，同年，缮写室关闭。根据NextScribe目前的网站，他创办了一个缮写室的衍生品，在“大主教判断他在计算机支持精神发展（CSSD）这个领域的新使命……不再属于一名隐士”后，他回到了世俗生活。[21]

亨利·戴维·梭罗认为，禁欲主义可以让我们摆脱无尽、绝望、凄苦的劳作。弄清楚什么是真正必不可少的，扔掉剩下的东西，只工作到储藏室里存满你必需的东西为止，然后你就可以奋力追求更高的东西。梭罗相信他的邻居们有能力践行这种生活方式，但他认为每个人必须独自去做。社会习俗会增加你的负担，此外，你的任务是遵循自己的天赋。没有其他人能给你带路。

政治哲学家卡蒂·威克斯采取相反的方法来对抗工作伦理。她认为，后工作社会就其本质而言，是一项集体的努力。
至于禁欲主义是否是实现这一目标的手段，她持怀疑态度。在 178
她看来，为了减少工作而减少欲望，只不过是工作伦理的规则翻版，至少从圣保罗就开始阐述这条规则，即你的欲望只能与你的劳动成正比。[22] 威克斯认为，要想超越工作伦理，我们应该提出越来越多的要求，以换取越来越少的工作。

即使我们更喜欢威克斯确实非常乌托邦式的设想，也不得不生活在现有的体系中，工作仍是大多数人满足其物质需求和欲望的唯一手段。从现在到后工作的繁荣纪元的这段时间，我们应该怎样工作？我们应该渴求什么？本笃会表明，当你尝试不再把工作放在生活的中心时，集体和禁欲主义之间并不存在对立。事实上，只有当一个集体保证尊重你的人格尊严，禁欲主义才是可以忍受的，以求创造一种超越全面工作和职业倦怠的生活。从你加入的那一天起直到你死去，集体不仅提供了你需要的东西，还为你的工作设定了限制。

两名早期职业倦怠研究者认定，像天主教修会和蒙台梭利学校（Montessori schools）这样的“意识形态团体”倦怠程度低，是因为共同的意识形态赋予日常任务以结构和意义，使成员之间的关系变得平等，并且减少了造成工作者压力的冲突和模棱两可之处。[23] 但据我的观察，本笃会的天职并不是一种超能力，能让他们横跨理想和工作现实之间的鸿沟而不遭受倦怠。毋宁说，理想和现实之所以能够保持一致，是因为他们共同的天职激发出的特定生活形式。本笃会已经围绕一些做法建立起了自己的社群，这些做法遏制了那些最常见的助长职业倦怠的制度性“错位”：过度工作、缺乏认可或自主

权、不公平、集体的崩解以及价值观的冲突。修道院的全部意 179
义在于共同生活；集体得到最大的保障。修士们承诺遵守圣本笃准则，保证了价值观的和谐一致。诚然，天主教徒放弃了大量的自主权——毕竟他们发过恪守修道院规章的誓言——但他们放弃的并不一定比上班族多。而且他们给工作设置了限制。在荒漠基督修道会，修士遵照圣本笃的指示，轮流承担工作任务。[24] 修士年岁越长，职责越少。祈祷时间控制了工作时长。他们正在为成圣而奋斗，但他们不必成为工作圣徒。

我沿着石子路开车离开荒漠基督修道会时，振奋不已。我意识到我的生活方式，我日常的工作、睡眠、饮食和浪费时间的例行公事，并不是唯一的方式，这令人激动。结束访问后，我虽没有从根本上改变我的生活，但我意识到，改变是可能的。每一位修士都曾像我一样活在俗世，之后做出了全新的选择，远离俗世，尽可能按照圣本笃准则生活，并为沉思而献身。我们中很少有人能像修士那样生活。至关重要的是，由于本笃会修士没有孩子要养，所以免于承担养育之责。（他们的确会照顾集体里年老体弱的成员。）尽管如此，他们的生活证明了另一种理想的存在——一种为我们自己而设的理想。它是那样崇高，我们不能再让工作干扰它，即使它在很大程度上永远可望而不可即。因此，我寻访了那些介入尘世更深的本笃会成员，他们的生活方式体现了相同的价值观，但也许更容易被世俗的人接受。我在明尼苏达州中部的大草原上找到了他们。

180 塞西莉亚·普罗科什（Sr. Cecelia Prokosch）是明尼苏达州圣约瑟夫镇的圣本笃修道院（St. Benedict's Monastery）的成员。她告诉我，当她在20世纪50年代末加入修道院时，流传着这样一个笑话：修女们过的是“祈祷和劳作、劳作、劳作”的生活。那时候，她负责整个修道院和邻近的圣本笃学院（一所女子大学）的餐饮。在修道院一尘不染的厨房里，我们隔着一张桌子，面对面坐着，她告诉我：“全是活儿要干，我几乎没有时间祷告。”“我差不多就住在办公室里。”当时塞西莉亚修女睡在大学宿舍里，她不去晨祷，才能在早上七点半或八点前赶上工作，之后继续忙到深夜。这种日程安排，她坚持了十四年，其中一部分时间她还要教课并攻读工商管理学硕士学位。“这让我疲惫不堪，”她说，“但我那时还年轻，精力充沛。”

我见到塞西莉亚修女时，她的工作早在十五年前就变成了协调修道院招待宾客的相关事宜。我就是给她发了电子邮件，才能安排对成员的访谈。她的日程安排没那么紧张了，这意味着她可以更加专注于修道院的沉思生活：时辰礼仪、神圣阅读（专注于经文的祈祷）和冥想。她现在几乎从不缺席公共祷告。

明尼苏达州中部是本笃会之乡。20 世纪中期，这片地区的两座大修道院有四百名修士和一千多名修女，修女在圣本笃修道院，修士在科利奇维尔（Collegeville）的圣约翰修道院（St. John's Abbey），相隔五英里的玉米地。修女们为全州 50 多所学校工作，修士则担任各堂区的神父，并经营一大批生意，包括一所大学、一所高中、一家出版社、一家广播电台，以及一家木工作坊，我访问科利奇维尔的那一周，睡的床就是这家 181
店制造的。

本笃会修士在 19 世纪来到明尼苏达州中部，向定居于此的德国移民布道授课。这项任务耗时费力，要求修士修女们在圣本笃准则上做出妥协。虽然现在修道院的人口只是过去的一小部分，而且只有少数成员目前在堂区授课或任职，但社群内仍有工作要做。修女们力求推进当初那些德国移民的后代和最近从索马里来的人之间的文化和宗教理解。[25] 她们仍然保持着积极参与世俗事务的精神。

因此，修女和修士们还是妥协了。他们每天集合三次做公共祷告，而不是七次。他们并非每次用餐都沉默不语。圣本笃没有规定要唱“生日快乐”，但那天我去他们修道院的餐厅吃午饭，修女们就为一个即将八十岁的人唱了这首歌。圣约翰修道院的一位修士告诉我，在他们那里，祷告迟到了不需要当众悔罪，院长只会偶尔提醒一下要按时到场。修女和修士成年后的一生都是一场永不停息的谈判，谈判双方分别是本笃会准则所规定的理想隐修生活与他们的工作现实。他们中没有谁必须独自负责这场谈判。修道院代表着一种整体文化，让其中的每个成员都能找到平衡。

修士和修女们做出的主要妥协之一是公共祷告。圣本笃对这一点要求严格，他说他们不应该把任何事置于时辰礼仪
182 之先。[26] 正是因为这条规则，西缅神父才要求修士们在工作时间结束时就“放下它”。然而，在明尼苏达州，所有和我聊过的本笃会成员都说，在职业生涯的某个阶段，日常工作导致他们无法做到每一次日课都参加。“你必须做出调整。”露辛达·马雷克（Sr. Lucinda Mareck）说。她有一头白色的直发，说话时铿锵有力。她在修道会六十年了，曾在一所高中、休养中心和校园事工工作过；在她所在的社群里担任过见习修士指导员、圣职指导员和住房协调员；在圣保罗和明尼阿波利斯大主教区做过心理辅导和离婚咨询；并作为牧师助理实质上管理过一个天主教堂区。那些年，她几乎不可能和教众一起做午间祷告。在神职工作的“快车道”上奔忙了五十年后，露辛达成了一名面包师，实现了她多年的梦想。她不再在晚上或周末工作。像塞西莉亚修女一样，如今她几乎不会缺席日课。

圣约翰修道院教堂引人注目的外观，隐喻着修道院就是

社群里的劳动场所。这座粗野主义的庞大建筑是现代主义建筑师马塞尔·布劳耶（Marcel Breuer）的标志性作品之一，其中一整面墙都是蜂窝形的彩绘玻璃落地窗。教堂就是一个蜂巢，修士们在上班前聚集于此，中午和晚上又回到这里。

修士们自打来到科利奇维尔，就一直在圣约翰大学工作，这所大学建在修道院周边。在20世纪中叶，大多数教员都是本笃会的成员。现在，只有大约十人了。我见到了这个社群里 183
最年轻的修士之一，神学教授尼古拉斯·贝克尔神父（Fr. Nickolas Becker），他的办公室在四方院里，四方院是一座巨大的维多利亚式建筑，一个世纪以来一直是修会团体的住所。他身形高大，在我们谈话的那个夏日午后，他穿着一件挺括的白色牛津纺系扣衬衫和海军蓝的裤子。他整洁的办公桌上放着一部苹果手机、一本圣经注释和一个番茄时钟——人们用这种番茄形的计时器来保持对工作的专注，每次25分钟。

尼古拉斯神父承认，对他来说，从事要求很高的工作，同时还要充分参与集体生活，是一项很大的挑战。他告诉我，这个挑战在于他被沉思生活所吸引，但自己又在扮演一个积极主动的角色。这是一种理想和他所处职位的现实之间的冲突；如果他不能解决这种矛盾，就会有倦怠的危险。他不仅要教授排得满满的道德神学课程，还和大二学生住在一个宿舍里。为了完成工作，他从史蒂芬·柯维（Stephen Covey）的《高效人士的七个习惯》（*Seven Habits of Highly Effective People*）等书中借鉴了一些提高效率的技巧。“我刻意遵守纪律和日程计划，”他说。我突然意识到，修士几乎就是照着这句话定义的。即便如此，他已经有一段时间没有用番茄钟了。

尼古拉斯神父形容他第一个学期的教学工作量大到就像“被一辆重型货车撞了”。那个学期的考试评分一结束，他就去艾奥瓦州的一个特拉普派修道院静修了。他很欣赏更注重沉思的特拉普派教团，说他们对待工作的态度“更健康”。在那里，他对私人祷告和精神阅读有了新的理解。现在，一两个小时的祷告和阅读——他称之为“我自己的守夜”——是他每学年的生活中“不容商榷”的一部分，除此之外，还有公
184 共祷告（如果条件允许的话）、每日弥撒和集体聚餐。他说：“我不会任凭工作压垮我，我也不会放弃对修道院生活的憧憬。”

我问我在明尼苏达州遇到的每一位本笃会成员，他们会不会用倦怠一词来描述工作、祈祷和集体生活的压力。几乎所有的人在回答之前都一反常态地停顿了很久。而且尽管他们的工作强度很大，但所有人都说不会，倦怠在他们这个集体里不成问题。只有一个人说他有过倦怠的经历，但那是在来圣约翰修道院之前。修士和修女们也不赞成世俗服务业中很常见的为工作殉道的伦理，尽管基督教神学以牺牲的爱著称。

那位说自己曾倦怠过的修士在他修道生涯的早期就是这样的。卢克·曼库索神父（Fr. Luke Mancuso）是一名英语教授，他剃光头，戴眼镜，看起来有点像法国理论家米歇尔·福柯（Michel Foucault）。他说自己在加入圣约翰修道院之前，属于老家路易斯安那州的一个修道院。1983 年他被任命为牧师后，在一家医院工作，赚取团体所需的薪水。三年间，他每周有六天都是随叫随到。修士每天有祈祷的固定时间；修道院的钟声对所有能听到的人来说是一个时钟。但作为医院牧师，卢克神父面临着“不断被侵扰的隐性威胁”。工作的召唤随时都可能传来。他必须时刻守候。

我们坐在卢克神父的办公室里，墙上贴满了电影海报和沃尔特·惠特曼的画像，电脑放着英国盯鞋（Shoegaze）摇滚乐队慢潜（Slowdive）的歌，他用耗竭、疏离和无效能感的语言，描述了一个典型的倦怠案例。他说，医院的工作“让人筋疲力尽”。这份工作就是不适合他。当时，他想成为托马 185
斯·默顿（Thomas Merton）那样的人，默顿是一位特拉普教派修士和作家，他把学术和政治行动主义结合起来，兼具个人才智和团结社会边缘人的意识。卢克神父说，这种愿望和他实际的日常工作之间的张力“击溃”了他。尽管如此，出于对集体的责任感，他依旧尽其所能地坚守在牧师岗位上。他称责任是他在修士生活中“不得不与之斗争的恶魔”之一。这个恶魔导致他没能意识到自己的工作出了问题，直到为时已晚。

卢克神父转到了圣约翰修道院，然后去了研究生院，获得了博士学位，并加入了大学的教师队伍。他依旧很忙——“我恰恰是怠惰的反面，”他说。——但他不再随叫随到。在一天漫长的教学工作之后，他并不总是能赶上晚上的公共祷告，但他经常独自祷告。晚上在房间里独处两三个小时，总能激发他的活力。

有一件事，本笃会绝不妥协，那就是修士和修女的尊严。无论做什么工作，每个人都有属于自己的权利。明尼苏达州的两个社群逐渐变老，其成员都敏锐地意识到他们中有一些人必须要赚钱。圣约翰修道院的修士们知道，有些人赚的钱比其他人更多。然而，正如圣本笃关于工匠的准则所言，赚得多的人必须“谦逊地做他们的手艺活儿”（强调是后加的）。[27] 例如，卢克神父知道他是修道院收入最高的人之一，但是他说：“你不能根据一个人的工作量或成果优劣来评判这个修士的尊
186 严或价值……我们必须坚信他们有无限的价值。”我采访本笃会成员时，一再听到他们这样说。卢克神父补充说，甚至就算一个修士失业了，他在集体中也必须保有尊严。“我们必须和那个人一起生活，并在他们重塑自我时支持他们。”

说到归属感，修道院和世俗生活中断裂的工作场所形成

了强烈对比。在后者那里，“核心”员工才有尊严，而临时工和合同工不受关注，随时可以被取代。正如卢克神父所指出的，他享有永久的誓约和职位，与之相反，主流经济中普遍存在的现象是工作朝不保夕，员工被视为一次性消耗品，用完即弃。这种差别是一个承诺的问题。社会学家艾莉森·普格提出，在最低工作保障的后工业、新自由主义时代，雇主和雇员之间存在一种“单向荣誉制度”。也就是说，工作者对工作保持高度的投入，即使他们知道雇主不会给予相应回报。[28] 这是一个为职业倦怠而精心设计的制度：你对自己的工作表现期望很高，却不能保证你的工作条件能达成这些理想，你甚至不能保证自己能保住工作。

本笃会这套体制以在上帝面前立下的誓言为基础。本笃会承诺提供“生活的稳定性”，将自己永远绑定在一个特定的团体中，只是偶尔才有人能像卢克神父那样转移誓言。根据本笃会准则，修道院院长应该为已经宣誓入教的修士修女提供一切所需，以便“可以完全根除私有产权的恶习”[29]。这种承诺使尼古拉斯神父能够怀抱崇高的理想，坚信修道生活的意义。他知道，并不是一切都取决于他是一名教授。即使他在大
学没有获得终身职位，他仍然会有一个家，会有另一份工作指 187
派给他。“不过，”他补充说，“我也没有钱，没有妻子和家庭。”他与社群结为一家。

在我撰写这篇文章时，类似本笃会这样永远为所有团体成员提供支持的模式，在世俗世界中不过是一个幻梦。全民基本收入的提案，将成为对全社会的承诺，即无论人们是否工作，他们都会得到照顾。这一基准收入将降低任何工作的风险，人们也能够更容易离开糟糕的工作，或仅仅为了热爱而做一份报酬不高的工作。把这种保障与对每个人都有尊严的强调结合起来——后者本身就是支持基本收入的坚实理由——我们就能大大消除对金钱和地位的焦虑，这种焦虑逼迫我们工作到倦怠。

今天，圣约翰修道院的蜂群比五十年前安静了许多，那时候修士们在这片地区四处奔波，忙着教育、建设乡村社区并向他们布道。其成员的年龄中位数超过 70，并且就像圣本笃修道会的修女一样，他们随着年岁增长，沉思的时间越来越多。尽管如此，其中一位本笃会修士告诉我，他们从不会真的退休。他们只是换了一份工作，比如塞西莉亚修女变成接待协调员，露辛达修女成为面包师。我一直主张，本笃会通过施加限制，让工作变得更加人性化，而事实上，我遇到的几个人都八十多岁了，仍活跃在工作中，这似乎是缺乏限制的表现。但我认为，这恰恰阐明修士修女们如何能够终其一生都享有尊严。因为工作没有把他们耗得灯尽油干，他们可以继续为集体做

贡献，直到去世。年长的本笃会成员所做的工作与他们的能力 188
相适，并且按照本笃会准则的要求，与他们的上级协商决定。[30] 他们的劳动也反映了教皇利奥十三世的号召，即工作安排要“适应工作者的健康和体力”[31]。即使是明尼苏达州本笃会修道院里最孱弱的成员也有事情要做：为人们托付给社群的事务祈祷。有一位修女，在我遇见她的时候已经 88 岁了，她负责协调人们通过修道院网站发来的祷告请求，这些请求往往是为了帮助明尼苏达州南部妙佑医疗国际的病人。她给提出请求的人回信，以便更好地了解他们需要什么，然后把请求递交给住在附近的退休和辅助生活修道院的修女们。这个社群仍旧依赖她们。

我遇到一位 90 岁的老修士，他在照看圣约翰修道院的礼品店。当我进入商店时，他递给我一张纸条，上面写着圣约翰·亨利·纽曼（St. John Henry Newman）的一段话：“愿祂整日支持我们，直到天色渐暗，夜幕降临，忙碌的世界安静下来，生命的狂热平息，我们的工作也完成了！之后，愿仁慈的祂赐予我们安全的住所，神圣的安息，以及最后的安宁！”[32] 我猛然意识到，纽曼的这段话很适合用来深思退休的问题。这位修士浑身洋溢着喜悦之情，与顾客聊着各自的故事，其中包括一对在大学读书时相识的已婚夫妇。还有一位修士，雷内·麦格劳（Rene McGraw）神父，我见到他时，他 84 岁，刚退休，不再教授哲学，正在等待修道院院长给他分配新任务。他说他已经准备好做任何被指派的工作，“不管是清理小便池还是扫地”。

189 美国人不擅长退休，部分原因是他们的身份、集体和意义感基本上都是围绕着工作建立的，尽管这些工作导致许多人陷入倦怠。他们迫切期待退休，却不知道一旦职业生涯结束，自己该怎么办。自 2000 年以来，即便成年劳动力的总体参与率有所下降，65 岁以上的美国人的工作比例仍稳步上升。[33]这些老年工作者中，约有 40%的人之前已经退休，然后重返工作岗位。[34] 亨利·戴维·梭罗嘲笑那些“耗费生命中最美好的时光去挣钱，以求在最不宝贵的时光中享受一点可疑的自由”的人。[35] 许多美国人甚至连这一点都做不到。

一想到退休，有些本笃会成员确实也会感到紧张。例如，珍妮·玛丽·拉斯（Jeanne Marie Lust）修女是一位生物学教授，自 1973 年从圣本笃大学毕业后就一直是这个社群的成员。她热爱她的工作，也爱在夏天打高尔夫球。我们谈话的那天，珍妮修女穿了一件牛津纺衬衫，没塞进裤腰，套在她的 T 恤和紧身裤外。她留着白色短发，戴着眼镜，脸上几乎没有皱纹。一旦退休，她就不知道自己接下来要做什么。她说：“我在这里看不到任何我真正想做的工作。”珍妮修女认为自己“不是那种圣洁的人”，所以社群老成员经常做的精神指导，对她没什么吸引力。她说，也许她可以学习如何为社群种植水培蔬菜。

从统计学上看，珍妮修女退休后很可能会像塞西莉亚修女、露辛达修女或礼品店的那名修士一样感到幸福。一项研究发现，德国本笃会的修女们对生活的满意度明显高于一般的德国女性，无论是已婚还是未婚。事实上，虽然德国人通常到 190
了中年[36]，满意度会下降，但本笃会的女性却没有。随着年龄的增长，她们的幸福感持续增强。

我猜想，坚信彼此的尊严并躬身实践——从而能在满足彼此的人类需求的同时，正确地看待工作——与修士修女们的幸福有关。不论我们的宗教信仰是什么，如果不想让我们对生产力的渴望变成魔鬼，就需要承认他人和我们自己的这种尊严。一个季度利润目标的价值抵不上一个为实现这个目标，以健康为代价努力工作的人。没有哪种客户满意度的好评能比那个完成订单、忍受投诉的人的价值更高。你出色地完成工作的自豪感，你的焦虑，抑或是你为雇主服务的倦怠感，如此种种都不如你作为一个人的尊严有价值。

我忆起荒漠基督教修道院的修士们在每次祷告结束时离开唱诗班席位的方式。每个人向祭坛鞠躬，然后向他对面的修士鞠躬。他们一天重复这个动作七次。与一个要求你不停地工作以证明自身价值的文化相比，这可能是修士们做的最反叛的事。

第八章

反抗倦怠的多样体验

191 我还在明尼苏达州的科利奇维尔时，有一天下午顺便去了理查德·布雷斯纳汉（Richard Bresnahan）的陶艺工作室。门开着，我打量了几分钟，欣赏了一架又一架还未上釉的红色或灰色的陶罐和杯子，布雷斯纳汉正在做一个浅碗的坯，甚至还没注意到我来了。他的学徒们在路对面，为几个月后在湖边的巨型窑炉里烧制陶器做着早期准备：高压冲洗架子，劈柴。他们每两年才烧一次窑，近 15 000 件东西密密实实地塞在里面，需要烧掉 22 捆木材。[1]

不过，他们每天下午三点就会停止工作，这样陶工和其他进来闲逛的人就可以围坐在工作室里不到一米见方的地炉桌边。桌子中间是一个火炉，上方悬挂着一个铁质烧水壶。一个学徒一边煮制一壶又一壶的绿茶，一边观察水中的气泡以监测水温。我们品茶，闲聊，传着吃一碗樱桃西红柿，那是我吃过最甜的樱桃西红柿，是其中一个学徒在自家花园里种的。一位来自北达科他州的陶艺家带着她的丈夫不期而至，我们挪了挪椅子，给他们腾出了空间。

这张桌子是一个小小的纪念碑，标示着这样一个原则：健 192
康幸福的人类生活需要集体和固定的休闲时间来约束我们的工作，让人们有机会尊重彼此的尊严。它所体现的职业理想，比我们今天大多数人所渴望的更人性化。

我们必须与倦怠文化彻底决裂。我在探究如何实现这种决裂时，发觉自己被吸引到了文化的边缘，结识了那些按照我们目前的标准来看，活得不同寻常甚或是“不成功”的人。这些标准也是亟待改变的文化的一部分。如果不结束全面工作的文化，我们就无法根除职业倦怠。我们不可能保持过去五十年来的工作方式不变，然后期望结果突然有所改善。这就是为什么我们关于职业倦怠的绝大多数讨论（我在第一章所谈的内容）是如此浅薄和小心翼翼。我们说我们不想倦怠，可我们也不想放弃我们围绕工作建立起来的意义体系，更不用说盈利体系了——而这正是导致倦怠的罪魁祸首。

围绕工作以外的东西构建一种美好生活，这样的范例看起来很难。不过，人们正在尝试。他们正在创建更好的工作场所。他们在下班后投身于自己的兴趣爱好。当他们由于残疾无法从事有偿工作时，转而开始承接艺术项目。纵观这些例子，我们需要看到哪种社群结构和个人修养能帮助人们在工作之外找到尊严、道德价值和意义。他们的理想与职业现实是如何互动的？换句话说，反抗倦怠的反主流文化有什么特点？

193 明尼苏达之行结束几个月后，一个春雨绵绵的早晨，我参加了城市广场的月度员工会议，这是达拉斯一家非营利性组织，直接通过住房、食品和健康项目开展扶贫工作。城市广场的首席人事官贾里·布拉德利（Jarie Bradley）邀请了我，当时她说这次会议感觉会像一个派对。会议在一座不起眼的浸礼会教堂里举行，教堂是砖砌的，就在南达拉斯的一条高速公路旁。教堂门厅处的桌子上摆放着咖啡、果汁和墨西哥早餐玉米卷。圣坛里，广播放着福音音乐，墙壁是蓝色的，地毯是蓝色的，可叠放的金属椅的软垫也是蓝色的。聚集在这里的员工们——城市广场共有大约 160 人——大多是女性；这也是个种族多元的群体，其中大约一半是非裔美国人。

布拉德利外套里穿了一件橙色的城市广场 T 恤，头发染成了深酒红色。人们陆续走进来，她就在房间里转悠，拥抱她看到的每一个人。她在会议开始时介绍了刚入职住房部门的三名女性："让我们欢迎新的扶贫斗士！"我们鼓起了掌。

接下来的议程是"你最好夸一夸"，这是一场公开赞赏他人工作的讨论会，看起来很像这次会议的庆祝环节。布拉德利把麦克风交给一个又一个想要表扬同事的扶贫斗士。你最好夸一夸食品项目组的工作人员。你最好夸一夸睦邻互助服务团队，他们刚刚成功通过了项目审计。二十几个人站了起来。“你最好夸一夸这些朋友！”有个人说。大家又鼓起掌来。

这演变成一连串的赞赏。你最好夸一夸安德烈娅小姐，她为一个会议预定了场地。当每个帮助一家人找到住处和学校
的人在董事会会议上露面的时候，你最好夸一夸他们。你最好 194
夸一夸“外展服务的特别小组”。你最好夸一夸那些为了项目审计翻修房间的人。

话筒回到了布拉德利手中，她感谢大家在整个审计过程中展现出“城市广场的风采”。不仅这个组织得到了正面评价，而且市政审计师一完成工作，就立即申请了这里的工作。

我开始对城市广场感兴趣，是因为在一次会议上见到了布拉德利，她谈到了她雇主的工作和激励她工作的同情心。城市广场似乎回答了一个重要问题：一个普普通通的工作场所如何将人的尊严置于其文化的核心，并借此战胜职业倦怠？

扶贫斗士们一直有陷入倦怠的风险。“我们都知道这项工作难得要命，我们也知道我们必须在照顾社区的同时照顾好彼此。”布拉德利在购物中心的一家三明治店喝咖啡、吃熏肉生菜番茄三明治的时候，对我说。城市广场承诺会给予认可，这在员工会议的“你最好夸一夸”环节中体现得非常明显，

它设法解决工作场所中导致挫败感和倦怠感的一个常见缺陷。具体言之，布拉德利说，城市广场已经把员工援助计划中每年三次的咨询服务增加到了每年六次，兼职和全职员工都有资格参加。这些政策反映出他们认识到，压力和倦怠感是人际服务工作的现实。正如城市广场的理事长约翰·西伯特（John Siburt）在访谈中告诉我的那样，在他这个组织里，“不会对职业倦怠有一种羞耻感”。“大家都理解，要如此深切地关心这么多人，这是人类的一种正常反应。”近年来，城市广场还延长了带薪休假；算上带薪假期和两周的年终休假，员工每年有
195 多达 42 天的假日。这足足比美国联邦法律的规定多出了 42 天。前雇员告诉我，主管鼓励他们休完所有他们有权享受的假期。

据布拉德利所说，除了休假，富有同情心地安排人们在组织中各司其职，有助于控制职业倦怠。这通常意味着要告诉“人们残酷的事实，但一切都是出于爱，都是因为希望人们能够待在最适合自己的位置，蓬勃成长”。布拉德利说，如果某个人的工作“不太理想”，她会让其主管回想一下这个人最好的品质。当初是什么让他值得被雇用？如果这位主管易地而处，会希望别人为他做些什么？这样对话后，结果可能是该员工能够休息一段时间或进行内部调动。布拉德利提到一位工作者，她是个案管理员的主管，逐渐厌倦了人员管理的工作。

当她转而开始管理经费时，重焕活力。还有一个雇员，在休假一段时间、接受了一些辅导、换了一个职位后，工作表现突飞猛进。有时，如果一个长期聘用的员工找不到别的事做，也不会直接被解雇；城市广场也许会额外给他们几个月的时间，做一些安排比较灵活的工作，以便他们能够想清楚自己的目标，在组织之外找一份工作。

在我遇到布拉德利的几个月前，她自己也经历了职业倦怠，需要换一个职位以继续发展。她在城市广场待了十年，相当于在做两份工作：同时管理人力资源和社区就业发展项目。她热爱这份工作，因为它有助于实现她所坚信的使命。她喜欢这种“需要全身心投入”的工作。但这也正是问题所在。她一直在工作，从不休息，也从不寻求帮助。她会告诉自己：“‘你还能再多做一点，你可以继续加把力。’随后我意识到， 196
我不能。”她的血压开始飙升。和城市广场的领导商量过后，她允许自己承认她累了，然后休息了一个月。等她回来时，就只专注于人力资源的工作。

在城市广场工作期间，布拉德利不把人力资源管理当作制定规则并要求人们遵守规则的过程，而是视之为与他人的不断相遇。她说：“人际关系能够减少风险。”将人际关系放在首位，也意味着人力资源工作的边界总是模糊的。“谁说我不能和员工一起哭，或者和员工一起祈祷，如果他们想这么做的话？”布拉德利问道。城市广场这个组织有其宗教渊源。它在历史上大部分时间都被称为达拉斯事工中心，隶属于一个教会。它的前任理事长、现任名誉首席执行官拉里·詹姆斯（Larry James）是一位牧师。我参加的员工会议以祈祷结束。布拉德利说，悦纳信仰也是希望人们来上班时不必把自己的任何一面“割裂开来”。她告诉我：“我们试图欢迎人之所以为人的一切。”前个案管理员马利·马伦凡特（Marley Malenfant）说，他感觉城市广场的宗教认同是对员工的一切都持开放态度。他将这种环境描述为“保持本色”。

前雇员跟我说，他们很感激主管经常会关心他们工作以外的生活。我在第三章提到的挣扎于愤世嫉俗之情的社会工作者，丽兹·柯夫曼，说她当初在城市广场工作时，她所在部门的主任送给她一个乔迁礼篮，祝贺她和丈夫买下了第一套房。她说，城市广场的领导期待看到她在各方面都蓬勃发展。
197 马伦凡特提到，每周一下午的会议，他的团队不仅讨论本周的个案工作，还会交流各自生活中发生的事情，无论是好的还是坏的。他告诉我，他的主管们这时的确会认真倾听。“我特别赞赏他们这一点，”他说，“这在很多方面都能抚慰人心。”这种方法似乎很有效。我与布拉德利谈话那会儿，城市广场的人员流动率约为 12%，按行业标准来说是很低的。

在城市广场的员工会议上，“你最好夸一夸”的环节过后，约翰·西布尔特（John Siburt）起身发言。西布尔特是个大块头，那天早上他穿着米色的运动外套，讲了一个又一个拉里·詹姆斯的故事——他在得克萨斯州乡村的成长经历，他与他所要服务的人的关系，他对于西布尔特而言是第二个父亲。西布尔特哽咽了起来，当他说到有一次他本应要去出差，詹姆斯帮他推迟了，这样西布尔特就能指导他儿子的少年棒球队参加比赛了。他说，城市广场的每位员工都需要关注对待彼此的方式。詹姆斯就是模范。“他对大家的爱住在我心中，”西布尔特说，“也住在你心中。”

然而，当西布尔特为绩效考核要评估员工的“积极态度”进行辩护时，我察觉到了一丝威吓的语气。我想知道是不是有些工作者对此有意见。西布尔特强调，积极性对城市广场的文化至关重要。“如果你在同事面前表现得消极，”他说，“我们就完蛋了，［詹姆斯留下的］使命也会随他而去。”（西布尔特后来告诉我，他谈积极性，是因为它构成这个组织的核心价值，而他们的工作压力会“侵蚀［它］，如果我们不有意为之的话”。）他最后告诉员工，他想让他们知道“人们有多么感 198
激你们，多么喜爱你们。很高兴能展现你们的仁慈，以及你们身上所有的缺陷”。

“他每次开会都哭。”一位员工事后告诉我。布拉德利从西布尔特手中接过麦克风时，也拭去了眼泪。

任何组织若是以一位鼓舞人心的领导人的理想为基础建立起来的，内部都存在一种深刻的冲突。在我看来，西布尔特的讲话就是在尝试解决这种冲突。詹姆斯是马克斯·韦伯所说的克里斯玛型领袖*的典型：权威来自人们与一个令人信服的人物之间的关系，而非科层制的规则和程序。[2] 詹姆斯在《家规》（*House Rules*）中写道，领导者绝不能容忍“那些不爱也做不到爱和尊重每一个出入你的集团世界的人。友谊是我们事业的根本。没有它，我们肯定会失败”[3]。他还鼓励领导者为了培养出一个生机勃勃的集体而接纳“混乱”。[4] 只要人们相信一位克里斯玛型领袖的权威，一个组织就能繁荣兴旺。

之前在城市广场工作的老员工告诉我，他们与詹姆斯的

---

* 根据社会学家马克斯·韦伯的定义，克里斯玛型领袖（charismatic leader）所建立的权威的正当性来自对于某个个人的罕见神性、英雄品质或典范特性，以及对他所创立的规范模式和秩序的忠诚。“克里斯玛”（charisma）指的就是一个人超凡的力量和品质；一个以此为中心构建起来的组织，其基础是一种情感上的共同体关系，而非成员的技术素养。克里斯玛型领袖善于激励和动员其追随者，并常常拥有巨大的革命性力量，能够彻底改变人们的观念和行动。然而，这种权威类型过于依赖个人魅力，特别不适合日常的程式结构，难以持续。随着克里斯玛型领袖个人的消失以及继承问题的出现，这种不稳定性会变得尤为显著。

韦伯区分了三种权威类型，除了克里斯玛型权威（也译作超凡魅力型权威），还有传统型权威和法理型权威。传统型权威的正当性建立在人们对悠久传统的神圣性以及根据这些传统形式行使权威者的正当性的牢固信仰之上；而法理型权威则是基于对已制定的规则之合法性的信仰，以及对享有权威、根据这些规则发号施令者的权力的信仰。——译者注

关系以及彼此之间的关系，让他们能够坚持把这份需要投入大量情感的工作做下去。比利·莱恩（Billy Lane）之前在达拉斯事工中心的关联教会里担任主任牧师，也是该组织1997年至2005年的副董事，他说自己的工作“感觉不像是工作，更像是生活”。莱恩说，詹姆斯每周都会召集大家开个非正式会议，届时工作人员或志愿者不仅可以“相互扶持”，还可以宣泄他们在工作中的情绪。这是一个可以“吐气”的时刻，甚至可以喊对方——包括詹姆斯在内——出来解决他们造成的问题。

莱恩描述他在城市广场体会到的相互信任时，我联想到克里斯蒂娜·马斯拉奇和迈克尔·莱特列出的六个关键领域， 199
在其中，员工会感到职业倦怠的压力。莱恩的工作量听起来很大，但借助像抱团这样的仪式，他得到了强烈的集体感和共同价值观的支持。很难在一个更大的、因而必然更科层化的组织中继续维持这样紧密的集体。最能体现科层制权威的例子莫过于约翰·西布尔特在员工大会上谈到的员工评估体系。在我眼中，西布尔特试图将该体系与詹姆斯的个人魅力联系起来。为什么员工应该相信这套制度？他对这一隐含问题的回答是，它表明扶贫斗士是否还与备受爱戴的文化创始人的使命相连，即使他不再密切参与日常运作。

比利·莱恩的妻子，珍妮特·莫里森-莱恩（Janet Morrison-Lane）在城市广场工作了十七年，因为当初她面试，詹姆斯把她送到食品分发站，没有任何指示，从那一刻起他就给了她一样东西，对于防止职业倦怠至关重要：自主权。她说，和西布尔特一样，詹姆斯对她来说是父亲般的人物。莫里森-莱恩属于詹姆斯在1994年接管达拉斯事工中心之后雇用的第一批人。她主管该组织的教育项目。有一段时间，只有她和詹姆斯是全职员工。她说，在随后的几年里，资助非营利性组织的机构开始加强问责制。为了满足越来越多的指标要求，城市广场不断发展，并且在她看来，其文化也发生了变化。“拉里雇用了一个人，这个人雇用另一个人，后者又雇用了一个人。”她这么说，指的是更大的、不那么亲密的组织。维系一个集体并保持每个人对核心价值观的认同，变得越来越困难。

学者们尚在争论，克里斯玛型领袖究竟是在造福工作者
200 还是给他们增添负担。[5] 克里斯玛型的领导者能够鼓舞人心，但不停地鼓舞也会让你筋疲力尽，尤其是如果组织用鼓舞来掩饰恶劣的工作条件。总的来说，现有的证据倾向于认为克里斯玛型领袖可以防止倦怠。[6] 一项研究发现，如果上司展现出克里斯玛型或“变革型”的领导风格，那么工作者通常更少感到倦怠——但前提是，工作者具备中度到高度的“经验开放性”，这是一种与想象力、情绪敏感度和好奇心相关的人格特征。[7] 重点是，像我在城市广场看到的那种克里斯玛型

领袖可以帮助预防职业倦怠，但不是对所有人都管用。

莫里森-莱恩告诉我，科层制和所有员工会议都让她感到疲惫。她说，她太了解城市广场了，所以人们分派给她的任务越来越多。“却不会得到晋升，”她补充道，“而且你仍需要完成自己的指标。”另外，一位同事，还有和她一起工作的两个孩子都遭人谋杀了。除此之外，她领导的一个教育项目结束了，工作重心转移到无家可归者的问题上，这并非她的专业所长。于是她在感情上撤离了工作，把它当作一份朝九晚五的工作。莫里森-莱恩说，詹姆斯尊重她的自主选择，即便她越来越不满意自己的新职务和随之而来的文书工作。“他肯定知道这份工作不适合我，但他没有说，‘你走吧’，”她说，“他任我自己想明白。”莫里森-莱恩于2012年离开城市广场，去了另一家非营利性组织，该组织专注于维克里草地（Vickery Meadow）的青少年教育。维克里草地是达拉斯的一个社区，大量难民住在那里。她是仅有的四名员工之一。

每种权威模式都有其风险。科层制会让理想主义者感到挫败。你去工作，是期望能够扶危济困，或教书育人，或治病救人，结果却要填一堆表格。科层制内在具有去人格化——也就是职业倦怠的典型表现，愤世嫉俗——的性质。相比之下，201
克里斯玛型领导本质上是不稳定的。一旦受人尊崇的那位领导者不在了，一套以他为核心的权威体系还怎么维持下去？[8]

以个人魅力为中心建立起来的组织还依赖于人类感情，然而感情往往是易变的。用爱来管理一个有 160 名员工的组织，就像杂技转碟；它需要持续不断的情感维护。最终，城市广场这种以人际关系为基础的文化，只能靠雇用那些价值观本来就与组织一致的人。“我们意识到我们不是每个人的菜，”贾里·布拉德利说，“我们说我们在城市广场有点疯狂，但这是一种正确的疯狂。”

城市广场的运作以尊重工作者的人性为重心，这让我印象深刻，即使它不可避免地变得愈加科层化。我多希望当初我渐渐滑向倦怠时，能有像布拉德利这样的人关心我的工作，确认我的健康状况。城市广场在员工会议上强调的那种认可，我本来也可以拥有。不过，我也在想，莱恩夫妇在那里感受到的情感强度对我来说是否太大。同一个环境，他们如鱼得水，而一个注重保持客观的人则会萎靡凋零。最重要的是，我想知道一种人性化的科层制是否能够降低工作的风险，这样一个受使命驱动的工作场所就不必依靠爱和人格力量来维持下去了。

2006 年有一部纪录片《达肯》（*Darkon*），讲的是一个真人角色扮演游戏俱乐部，几个玩家说他们在零售或制造业的工作中找不到什么意义。但他们每周都会花几个小时来策划他
202 们的下一次冒险，制作精美的中世纪服装，或学习说精灵语。

然后，在周末，他们就可以变成英雄，在一个人人平等的群体中拥有尊严和自主权。正如一位玩家贝克·瑟蒙德（Beckie Thurmond）所说："我去上班，我的老板掌控一切。我去达肯，一切由我掌控。"[9]

为了彻底瓦解倦怠文化，我们需要像城市广场那样，把员工的尊严放在第一位。我们也需要把休闲放在首要地位：再一次，为了周末而工作。但我们需要牢记，约瑟夫·皮珀所说的休闲并不仅仅是一种"小憩"，让你能神清气爽地回来工作。"休闲的意义和正当理由不是职能人员应该完美运作，不出故障，"皮珀写道，"而是职能人员是且理应继续是一个人。"[10]如果处理得当，我们的爱好不仅可以帮助我们正确对待工作，而且可以确保我们身心健全。

保罗·麦凯（Paul McKay）就是一位爱好优先的工作者。他是自行车骑手。当他准备参加200英里的碎石路比赛时，他每隔一个星期五，晚上就睡在沙发上，这样午夜起床训练就不会吵醒妻子和他们的三个孩子。然后，他会骑上自行车，从斯蒂尔沃特（Stillwater）的家骑行70英里到俄克拉何马市（Oklahoma City），凌晨四点与一个朋友碰面。他们两人会再骑行12或14个小时，往返160英里。力困筋乏的麦凯随后会找他的家人一起吃晚饭，并和他们一起坐车回家。

这样的夜间骑行听上去非常辛苦，对麦凯而言却是高峰体验，甚至是一种冥想。我们电话聊天时，他问我："谁能在半夜骑在双车道的高速公路上？这感觉太棒了，月光倾泻而下，你的影子倒映在路面上。"如果你找到一种方法能感觉这么好，你难道不会围绕它来构建自己的整个生活吗？

203 麦凯告诉我，他从不被工作定义。多年来，他一直在一家轮胎制造厂上夜班，因为这样他就可以在下午上班前骑两个小时的车。没人在家，所以他觉得应该没人会想他。他说："骑行占据了我的心与灵，有些人则装的是工作。"下午骑行产生的内啡肽帮助他熬过了艰难而危险的工作。他目睹同事们死于工厂事故。他失去了一根手指。他说："骑车给了我一条出路。"他说，骑车让他能够超越自己的工作头衔。"它赋予我自身价值，给了我值得期待的东西。"

我和其他有业余爱好的人聊过，他们同样拒绝把自己是谁与自己做什么工作混为一谈。肯·朱尔尼（Ken Jurney）在一家大型航空公司当机械师，对他来说，车比工作更重要。我跟他提起倦怠，他立即想到的是20世纪70年代的街头飙车，当时他还是青少年："我们过去确实经常烧胎（burnouts）！"他的第一辆车是雪佛兰新星。后来他用自己在海军陆战队服役时的作战津贴买了一辆1964年款的科尔维特跑车，花了几年时间修复它。然后，他又买了一辆罕见的1969年款的新星，重新组装了它的发动机。他对这些车的任何细节都了如指掌。我们聊天时，他带着经典的巴尔的摩口音，不假思索地说出他的科尔维特的发动机点火顺序。

朱尔尼连续工作 7 个 12 小时的轮班，然后休息 7 天。他说他不必那么辛苦，因为他十分了解飞机，而且有一个可以信任的工作团队。他有一份可以在休息日忘掉的工作；飞机不会跟着他回家。我们交谈时，他正在为冬季存放汽车做准备。除此之外，他还会花一些时间收藏硬币，以及差不多每个月，他都会去步枪射击场“打上几百发子弹”，保持他在海军陆战队学到的技能水准。他的爱好也和集体有关。我初遇朱尔尼，是 204
在宾夕法尼亚州卡莱尔的一个科尔维特车展上，他当时正在展位间穿梭，与他在多次车展中结识的销售商聊天。有些人和他处在同一个年龄段，总是在工作，都没有业余爱好，他对此感到疑惑：“当你退休了，什么都没有，你打算做什么？”

当我的学术生涯逐渐分崩离析时，我开始在周日晚上打啤酒联盟的冰球赛。我还学了一年的绘画课。这些活动让我有了期待，融入了新的集体。它们让我每周有两晚能暂时忘却痛苦。但它们没有把我从倦怠中拯救出来。我开始这些活动时，可能已经太晚了。

爱好本身并不是通往美好生活的途径。它们的意义在于防止我们沉迷工作，但其自身也可能演变为不健康的痴迷。保罗·麦凯说，差不多和我聊天的两年前，他意识到自己骑车的时候，真的有人很想念他。他没有充分陪伴孩子成长。“当你要工作，要骑车，又有孩子的时候，一切都模糊不清，”麦凯说，“你以为，‘一切都照着它该有的样子发展’。你没意识到还有一个孩子在想，‘爸爸在骑车。别打扰他’。”上夜班导致他“看不见”自己错过了多少家庭生活，包括晚餐和睡前晚安等平凡的小事。如今他发觉，孩子们在家“时间稍纵即逝。就像一份宝藏。就像一个礼物即将离你而去，你恨不得用自己把它裹起来。等以后孩子们独立了，你随时都能回去骑自行车”。麦凯现在白天在一家制造地板的公司工作。这份工作更安全，而且他说自己在这儿没有任何压力。他有空就骑车，但一次不超过 50 英里。

205 “我以小时来计算每一周。”埃丽卡·梅纳（Erica Mena）告诉我。梅纳是一名非二元性别的波多黎各艺术家和诗人，年近四十，住在芬兰的一个小村庄。“每天 2 小时，一周 7 天，我就有了 14 个小时的时间，可以做任何事情，”他/她[*]说，“这包括烹饪，包括散步，包括艺术创作。”

梅纳患有慢性疲劳综合征，这限制了他/她可以活动的时间。此外，梅纳告诉我，他/她已经被诊断出患有边缘型人格

---

* 梅纳是非二元性别者，原文是 they，考虑中文读者阅读习惯，故下文用他/她来指代。——编者注

障碍和心盲症，一种使人无法在脑海中形成画面的疾病。每天早上，梅纳读完一个小时的书、喂完猫、吃完早餐后，都会做一次自我评估：“我感觉如何？我觉得自己有精力散个步吗？我觉得自己有精力去工作室吗？”如果可以工作，那么梅纳就会去家庭工作室——离床几米远的一张桌子——或者穿过小镇去凸版印刷工作室。他/她打开时长一小时的歌曲播放列表，然后开始工作。或制作纸张，或切割书板，或设置字体，或调墨水，或将书的各个部分用胶水黏合或缝合在一起。他/她跟我说了最近在做的一个项目，一本关于玛利亚飓风的书，叫作《外国佬之死绘本》（*Gringo Death Coloring Book*），这是他/她与另外两位波多黎各艺术家的合作成果。我们视频通话时，梅纳把这本书的样书放在地上展示给我看；一旦把它打开，竖着放，其形状就像一颗星星。

“我确实陷进了工作中，”梅纳说，“对我来说，它呈现出一种冥想的性质，所以我很容易不知不觉地就不再听从我的身体，迷失在工作的节奏里。”这就是播放列表的作用。当音乐停止，梅娜就会停下来，然后确认自己能不能继续。如果他/她没有精力了，就去处理其他杂事或休息。这是自我关怀 206
的问题。我与梅纳谈话的那一天不是工作日。“有些时候，我能做到的就是活下去，这也没关系，”梅纳说，“这依旧很宝贵。”

梅纳的工作习惯让我想起了新墨西哥州荒漠基督教修道院的修士。像修士一样，梅纳的日程安排也受到严格限制；只不过在梅纳这里，理由不是要做公共祷告，而是健康。播放列表结束，对梅纳来说就像是教堂钟声在召唤他们停止工作，即使这份工作很好，但还有其他东西性命攸关。这是另一种为工作设限的仪式。

城市广场展示了，一个组织如果力求照顾到员工人性的完整，将会是什么样子。像保罗·麦凯和肯·朱尔尼这样的业余爱好者表明，工作是怎样让位给其他活动的。像梅纳这样的艺术家，在能工作的年纪却由于生理障碍而无法工作赚取薪水，其经历指明了一种更具包容性的模式，帮助我们找到尊严、自由和意义感。艺术是一种堪为典范的活动，因为它像有偿工作一样有产出，但同时也是人们出于非商业原因而做的努力。艺术创作还分外依赖其他艺术家群体和个人自律的支持。于是，像梅纳这样的残疾艺术家，也可以借助其他方式获得许多和就业有关的道德品质。

梅纳并非一直都是这样，每天按小时工作。他/她十多年来都是一个雄心勃勃的学者，不断丰富自己的履历，致力于获得终身职位，同时还在指导学生，管理一家文学期刊和一个小型出版公司。吸引梅纳的是学术工作表面上的自由。工作量虽大，但不是朝九晚五的工作；而且其中大部分是他/她无论如何都会做的工作。

2016年10月，梅纳在布朗大学教书时生病了，当时他/ 207
她以为是感冒，最后却卧床不起，直到第二年四月。第二年秋天，他/她恢复了一些体能，学会自己控制病情后，开始全职教学。然而，即使有他/她当时的伴侣和助理的帮助，梅纳也无法跟上工作进度。他/她最终去了精神病急诊室，参加了一个治疗心理健康的门诊项目。[11] 一年后，梅纳去了芬兰。

“我曾以为自由是努力工作的结果。”梅纳说。但自从他/她病倒，开始读残疾研究的相关书籍后，他/她意识到这种自由的概念是错的。不能正常工作，梅纳就靠以前工作的积蓄，加上一些自由写作和编辑的工作，以及卖艺术品来养活自己。我问梅纳，既然现在生活在芬兰这个经常被誉为幸福而有效的社会民主国家，他/她是否感觉更自由。他/她答道：“我现在感觉自由多了，因为只有当我由于残疾而在很大程度上远离了社会，我才脱离了资本主义。”作家约翰娜·赫德瓦（Johanna Hedva）同样将残疾与资本主义联系起来，将疾病描述为“一种资本主义的建构”。用赫德瓦的话说，“‘健康’的人是身体够好，足以工作的人。‘病’人是不能工作的人”。因而，资本主义社会把疾病当成一种异常现象，而不是人类正常生活的一部分。[12] 于是，长期患病就意味着永远地违背了规范，没有资格得到社会的尊重。

不过，梅纳说，脱离资本主义和美国的全面工作文化，帮助他/她活得更合乎自己的道德理想。“我现在是一个更好的人”，他/她说。梅纳称，残疾给了他/她一份“礼物”，让他/她能够与自己的身体和感受同在，“就是无法逃避地与之同
208 在”。作为这种转变的结果，当他/她早上有精力却不去工作室，选择在森林里散步时，梅娜并不感到内疚。

散步本质上近乎一种不事生产的打发时间的方式。它是沉思性的；它不创造任何有货币价值的东西；它是休闲。梅纳在树丛间慢慢走着，带着一个袋子，用来装他/她沿途捡到的东西：动物的骨头、树叶、桦树皮的碎片。这些碎片将成为新作品的一部分。梅纳时不时确认一下自己还有没有精力，有时能走得更远一些。但能走多久是多久，能走多远是多远，皆足矣。

我的朋友帕特里夏·诺丁（Patricia Nordeen）的故事和埃丽卡·梅纳的故事相似，也关乎工作与残疾。像梅纳一样，帕特里夏被学术界吸引，因为它日程安排灵活，让她能做自己最喜欢的事情：阅读、思考和写作。她的事业本来在走上坡路，她获得了耶鲁大学的政治哲学博士学位并在芝加哥大学任教，然而在 35 岁左右时，她被迫彻底放弃自己的职业生涯。

帕特里夏受到的损伤主要源于埃勒斯-当洛斯综合征，这

是一种罕见的遗传病，会削弱身体产生胶原蛋白的能力。帕特里夏指出，胶原蛋白无处不在：关节、皮肤、角膜。如果没有强大的胶原蛋白将它们固定在一起，身体的各个部分就会错位。帕特里夏的关节经常脱臼。她的头骨里有一块金属板，脖颈到肩胛骨之间的所有椎骨都做过手术熔接，以防神经受到挤压。她的身体左侧每天都会突然瘫痪，反复的发作夺去了她三年的时间。她还对许多东西过敏，其中包括阿片类药物，这意味着她大部分时间都处于疼痛之中。像梅纳一样，她很多时间都只能躺在床上。

不过，梅纳的挑战是在工作伦理之外找到自由，而帕特里 209
夏的挑战是在没有学术机构的情况下找到身份认同，在她成年后的大部分时间里，她的自我理解都由这些机构认证。她现在和寡居的母亲住在她上大学的密歇根市。她在这个地方最重要的回忆不是派对，而是她第一次阅读苏格兰哲学家大卫·休谟著作的那栋楼。

残疾这个词让她倍感沮丧。"'残疾'——所有这种描述都在吞没你的身份，"她说，"它像一只巨兽，遮盖了所有的职业，吞噬一切。你是残疾人。"帕特里夏以同样的方式理解"废人"这个过时的词："无用之为废。"它强化了这种观点：如果没有工作来确定你的身份，你就什么也不是。

帕特里夏热情地接受了我的视频采访请求；她说这是一

个难得的机会，能为学术研究做贡献。那些曾经定义她思想生活的最重要的活动，现在都不可能了。“我很难好好地思考。这就像是，我突然有了一个灵感，正当我要抓住它并开始表达它的时候，疼痛发出‘哔’的一声，然后这个想法就中断了。”她一边说，一边用手指在面前的空气中画了一条线。疼痛抹去了思想。她说，即使生理上允许她写一本书——比如，基于她与医学专家打交道的丰富经验，写一本书论如何做一个病人——也不能出版，因为社会保障局对领取残疾补助的人能够赚多少钱有限制。

帕特里夏围绕艺术构建起她的后学术身份。她长期编织，但从未画过任何东西。后来一个朋友让她加入一个在线艺术小组，她在那里第一次尝试就收到了令人鼓舞的反馈。学习比
210 例等技巧规则成了一个有待解决的问题、一种智力游戏。她在Instagram 上发现了一个艺术日志小组，开始在社交媒体上发布艺术作品，而不用太担心它够不够“好”。她和其他业余艺术家的帖子互动，找到了一个集体。

“我们是‘社会’或‘政治’的存在——这取决于你如何翻译亚里士多德。”帕特里夏说。分享自己的艺术作品“让我不再感到孤独。仅仅是点击发送我的画或素描这个动作，就给了我一种被认可的感觉，就像我是社会的一部分”。我对她的访谈是在 2020 年 4 月，当时帕特里夏和她通过 Instagram 认识

的一个朋友正在进行一个计划，她们称之为“疫情笔友”。她们承诺在一百天内每天画满一页素描本，将图片发布到网上，完成以后把整本都寄给对方。有一天，帕特里夏用已作废的邮票和两个维多利亚时代的女人的照片做了一幅拼贴画，代表她和她的笔友在做鬼脸。第二天，她画了一棵花朵盛开的木兰树，还写了一个小故事，讲她搬到弗吉尼亚州做博士后之后第一次看到木兰树的情景。这项计划“实际上是为了互相宽慰，也是宽慰自己”，她说，“一切都在于认同。”

这个计划还给帕特里夏施加了一条自我选择的纪律，类似于修道院的祷告或理查德·布雷斯纳汉的茶歇。她说，你答应了别人每天给她画一幅画，“那你就必须如约完成”。对于帕特里夏这个年龄的大多数人而言，工作强加了这种责任感，赋予我们的人际交往生活以道德架构。但这样做的代价是，当工作环境与理想背道而驰时，我们很容易受它影响，从而陷入倦怠。即便我们在社会层面上将工作从生活的中心移开，也仍然需要一套道德架构——时间表、目标、责任——来帮助自我发展。

帕特里夏表示，这本四十五页的素描书是她正在变得更 211
好的证明。“对于一个爱学习的人来说，这很令人满意。”她说。帕特里夏想打造一个家庭工作室，一个在她的床以外的地方，在那里她可以开始画帆布油画。她说，她对自己身体好转的前景持悲观态度。她的医生告诉她，也许会出现埃勒斯-当洛斯综合征的治疗方法，但还需要几年时间。在此期间，她一直在画素描本。“只要我能够保持好奇心、一定的自律、富有同情心，并心存感激，”她说，“我就能挺过去。到目前为止。”

我遇到的这些人不管是有意还是无意，都活出了一种后倦怠的精神——本笃会、城市广场、业余爱好者、残疾艺术家；他们共享一个信念，那就是一个人的尊严与他的工作无关。很多不同的路径都通向这一信念。教皇利奥十三世根据《圣经》中的信条得到这个结论，即所有人都是按照上帝的形象和样式被造的。埃丽卡·梅纳则是因为想到自己的猫才得出这个观念。“我爱我的猫，胜过爱世界上的任何生物，”他/她说，“而它屁事不干。真他妈的啥活儿都不干。所以，如果我的猫值得这种爱，我怎么能说人类不值得呢？”而且，梅纳继续说，如果他/她的朋友值得被爱，如果孩子们尽管从不工作也值得被爱，“那么我也值得被爱”。梅纳还从一张“反资本主义者的爱之便笺”的版画里获得了灵感，那是一名女性做的凸版印刷项目，上面写着：“你的价值远远超出你的生产力。”版画家朋友这句简单的话打开了梅纳的新思路。“我记得我在她的 Instagram 上看到那条动态时，心中萌生出这种渴

望。”梅纳说。然后他/她扪心自问，“为了相信这一点，我需要做出什么改变？” 212

所有人生来就有尊严，无论他们是否生产任何有货币价值的东西，正是基于这一观念，作家兼画家苏纳拉·泰勒（Sunaura Taylor）主张“不工作的权利”。泰勒患有关节挛缩，这严重限制了她的四肢活动。她指出，残疾人和其他人一样深受美国资本主义理想的熏染，因此很容易因为没有达到这些理想而感到内疚。与埃丽卡·梅纳和帕特里夏·诺丁不同，泰勒从未能做过一份普通工作。但她写道，她“异常幸运能在成长过程中一直坚信自己的内在价值”，这种信念遏制了她的内疚感。“不工作的权利，”她写道，“是不任由你的价值被你作为工作者的生产力、就业能力或工资所决定的权利。”这既是梅纳在“反资本主义者的爱之便笺”版画中看到的理念，也颠覆了被布克·T. 华盛顿奉为典范的美国工作意识形态。华盛顿教导说，不被社会认可的人可以凭借努力工作获得认可；泰勒则说，如果我们事先承认每个人固有的尊严，那么人们可以工作，也可以不工作，“并且都能昂首挺胸”。[13] 他们的价值和自由将完全以其他东西为基础。

泰勒关于人类福祉的愿景，不仅将残疾人从不工作的屈辱和内疚中解放出来，它还将解放所有人。它将调低我们的工作理想，提供改善工作条件的正当理由。它可以证明全民基本

213 收入的合理性，让不工作的权利在经济上成为可能。当我们把疾病和残疾看成是生活的一部分时，无偿地照顾他人也就成了一种与有偿工作一样正当且正常的活动。[14] 透过残疾人的视角看待工作，帮助我们认识到我们共有的脆弱和相互依赖，瓦解那种总让倦怠成为你一个人的问题，而不是大家共同面对的问题的个人主义。

正如泰勒所提到的，每个人充其量只是“暂时有能力”。[15] 无论我们目前能力如何，随着年龄增长，都会走向残疾。疾病和机能损伤迟早会导致我们无法工作。上述事实理应帮助像我这样身体健康的工作者看到，自己其实和其他不能工作的人站在一起。残疾是人类的自然本性。以此为前提重新理解尊严并改变我们的社会安排，让残疾人能够过上自主而有意义的生活，符合每个人的利益。约翰娜·赫德瓦呼吁以我们共同的弱点为基础，建立全新的政治。“正视彼此的脆弱、易碎和不稳定性，给它支持、尊重与力量。互相保护，建设集体，参与其中。一种固有的亲缘关系，一个相互依赖的社会，一种关怀的政治。”[16]

赫德瓦写下的承诺，与工作伦理的核心截然不同。我们不再说你除非工作才有价值，而是承诺无论如何都会照顾彼此，就像本笃会所做的那样。正如我们把旧承诺输入政府和工作场所一样，我们也可以缔造关怀的体制。我们可以像利奥十三

世呼吁的那样，让工作适应工作者的“健康和体力”。[17] 今天
工作的人很可能发现，他们工作的现实与理想背道而驰。目前
情况下，每个工作者都是潜在的倦怠者。这应该成为团结的源
泉，鞭策我们改变这种处境，调整我们对工作的期待。我们社 214
会的理想造成了种种问题，我们不能就这样束手就擒。我们就
是社会。我们可以改变这些理想。

说回我自己。我辞去自己曾经梦寐以求的大学教授的工作之后，跟随妻子事业发展的脚步来到得克萨斯州，尝试重新组建我的工作身份。我的理想和工作现实之间的张力得以松弛下来，这让我松了一口气；但在我的新家，这个被太阳炙烤的混凝土城市，第一年的大部分时间里我都感到迷惘。初来乍到，经常有人问我是做什么工作的。我会回答：“我是个作家？”这感觉像在骗人。我考虑过再读一个研究生学位，或者在餐饮服务业找份工作，只是想对这个问题有一个更好的答案。我独自在家里待了很久，等着谁能给我一个计划。我开始和《现代启示录》（*Apocalypse Now*）开头中马丁·辛（Martin Sheen）饰演的角色产生共鸣，这个突击队员在西贡的旅店房间里日渐颓萎，因为他没有任务。

慢慢地，我发表了更多作品。我参加了写作研讨会。我做了新的职业规划，把写作、演讲和教学结合起来。我决定要回

到大学课堂，所以我给附近一所大学一年级写作项目的主任发了电子邮件。她回信问能不能马上见面；她需要有人在几周后就开始教课。

得到这份工作是我重塑身心繁荣发展能力的关键一步。我的教学安排很轻松，每学期只有一到两门课，但这为我的每天每周赋予了结构，给了我一个归属。作为一名临时教师，我在断裂的工作场所本处于不利地位，但我的朋友们虽有终身
215 教职，仍视我为同仁。最重要的是，我知道有人信赖我。我的学生依靠我来领导班会，给他们的论文打分，指导他们如何润色段落的主题句。这是对我劳动成果的直接肯定，因而也是对我自己的肯定。我知道依赖这种认可有多大的风险，但听到学生走出教室门时跟我说谢谢，我感到很欣慰。

当我在写这一章时，我又做了一遍马斯拉奇倦怠量表。我知道我不再倦怠了，但还想得到科学的验证。两次测试相隔四年，我在三方面都有了惊人的进步。我刚辞职那会儿，情绪耗竭得分的百分位排名是 98%，去人格化（或愤世嫉俗）是 44%，个人成就感为 17%，这表明我的无效能感很强烈。而第二次，我的耗竭得分为 13%，去人格化才 7%，个人成就感得分则在 55%。

新的分数准确反映了我对自己情况的主观感受。我没有疲惫不堪。我醒来时感觉很好。我并不惧怕面前的任务。困难

的工作，即使如写作这种只需要我安静独坐的工作，也很累人。但我不再像全职教学生涯结束时那样，持续不断地感到疲倦。教学很少占用我的时间。我有近乎完全的自主权来写我想写的东西。我为我所做的工作感到自豪。一个仍感倦怠的人不可能写出这本书。

我认为，我的测试回答折射出我对教师这份工作的理想较低。测试问我“与学生一起合作后，多久会有一次感到振奋不已”。振奋不已似乎是个很高的门槛。我应该在下课后感到振奋不已吗？我说我一个月有几次。我不确定，要是更经常这样是否健康。与其说在教学中寻求兴奋感，毋宁说，我努力 216
在情感上与之保持距离；我尽量保证它别让我情绪太高涨或太低落。如果非要挑剔什么的话，倦怠量表上的问题对教学工作怀抱太多理想主义了。例如，它问我“多久能很容易就创造一次和学生相处的轻松氛围”。很容易？不。轻松的课堂气氛是艰苦的情感劳动成果，并且需要持续关注教室里同时间发生的一切。这一点也不容易。

当学生不做阅读作业，或者我发现自己过度点评他们的论文时，我确实感到挫败，但不会由此质疑我的整个人生，因为我不再把自己和工作如此密切地关联在一起。我现在踩着的高跷更短；即使它们开始摇晃，我也能迅速恢复。所以，最差也不过是我感觉作为一个兼职教师，稍微有点无能为力。我能接受这一点。

相比付诸实践，我更擅长宣扬新的工作理念。我做不到梭罗那种道德上的禁欲生活，他将之与更高的自尊联系在一起。我不善于安排时间，而且当我认为自己没有成效时就会紧张。要是感觉工作没有完成，我很难接受西缅神父的建议，“放下它”。我总是需要其他人来肯定我。我已经好几年没有拿起画笔或穿上冰球鞋了。

尽管如此，我还是比当初做教授的最后几年好多了。而为了实现这一点，确实需要践行一种新的禁欲生活。我放弃工作，转而从事自由职业，工资也随之减少了75%，如果没有我妻子的收入支持，这本是不可能的。我不得不牺牲全职工作带来的地位，更不用说终身教职的学术奖励了。我不得不放弃一部分自我。我不得不放弃一个长久以来的梦想。不过，我找到了一个新的梦想。

217 我近乎讨厌承认这一点，因为我不想掩饰职业倦怠的痛苦，但一部分的我确实感激自己曾这么彻底地倦怠过。这是一个明确的信号，表明有些东西出错了，我需要做出重大改变。但凡这份工作没那么令人难受，我都可能会坚持得更久，这也许会对自己造成更严重的伤害，因为这种伤害不容易被察觉——它是一种缓慢而不可阻挡的腐蚀，而非更骇目惊心的轰然坍塌。从这个角度看，倦怠甚至算得上是一份礼物。

结论

后疫情世界的非必要工作

我写这本书时，新冠疫情正在全球蔓延。不久之后，我被 218
困在家里，为数不多的工作日程被打乱，完全没有了社交生活。我周围一切事物的步伐似乎都放慢了。我住在达拉斯一个绿树成荫的小区，一天到晚都能看见人行道上有比平时更多的人，他们经常用塑料杯喝着葡萄酒或啤酒。遛狗的人更多了。推着婴儿车散步的时间也更长了。本来会在星期四中午工作的夫妇如今在公园里打网球。

平静只是一张薄薄的面具，掩盖着我们全美人民的恐惧、焦虑和悲伤。在这一年里，病毒夺走了数十万人的生命。它还颠覆了每个人的工作。失业率近乎一夜之间从历史低点飙升到历史高点。医院、养老院、肉类加工厂和杂货店的一线工作者在努力拯救生命，让大家吃饱的同时，也面临着巨大的感染风险。区分“必要的”和“非必要的”工作者，不光在经济上，而且在伦理上，都变得至关重要。政治家、电视广告商和敲着锅碗瓢盆的普通人都称赞必要工作者是“英雄”，但这种称赞与这些工作者实际面临的工作条件相比，只是微不足道
219 的补偿：他们几乎不能自主选择是否上班报到，防护装备是临时凑的，并且往往薪资微薄。

即便如此，必要工作者确实展现出了高尚的品德与英勇的气概。他们拯救了他人的生命，甚至不惜牺牲自己的生命。或者他们坚守乏味的职责，保证社会不至于完全陷入瘫痪。公共电台播出了纽约市公交车司机弗兰克·德·吉泽斯（Frank de Jesus）与同事的对话，正如他所说：“历经所有考验和磨难，我们确实喜欢做我们为纽约市做的事情。”另一位司机泰隆·汉普顿（Tyrone Hampton）答道：“我们确实喜欢。我们有一颗司机的心。但现在我们的心正在经受考验。”直面感染的可能性，目睹其他司机——他们的“兄弟”——生病或死去，这些人寄希望于他们的友谊和天职的崇高性能给他们安慰与力量。“我们会挺过去的，哥们儿，”汉普顿告诉德·吉泽斯，“我们会挺过去的。”[1]

与此同时，数百万“非必要”的办公室工作人员开始在家工作。学校关闭意味着父母不得不一边工作，一边充当无偿的教师助理。有时候，居家办公意味着工作更多了，因为诸如办公室和通勤等物理上的工作障碍没有了。在线网络全天候

运行，一家虚拟专用网络供应商报告称，其美国企业用户在2020年春季平均每天多登录三个小时。[2] 简而言之，许多人没有工作可做；其他人则工作太多。

病毒还加剧了工作领域的性别、种族和其他差距。女性失业或不得不离开工作岗位、在家照顾孩子的比例远远高于男性，以至于美国的女性劳动力参与率骤降至1988年以来的最低水平。[3] 在一线工作的黑人工作者特别多，他们被迫冒着 220
高风险，报酬却极低。[4] 同时，非法入境的工作者，其中大多数是西班牙裔或亚裔，无法获得数万亿美元的联邦资助，这些钱旨在保证家庭和企业在危机中还有偿付能力。

这场疫情扰乱了我们的工作，让我们得以摆脱那些安排我们的时间，给我们设定目标的东西。我们不像本笃会的修士修女那样，用对生活更高的愿景来取代那种秩序。教堂、犹太会堂、清真寺和寺庙都关门了。其他有仪式感的场所，比如健身房和瑜伽室，也是如此。最初几个月，我们以疾病为中心组织我们的生活。除非有“必要”的工作要做，否则我们的头等大事是避免感染病毒。每个人的最高仪节是洗手。我们得到了一个文化上的零假设：没有完全崩溃，但也不再起作用。毫无疑问，这很可怕，但它也是我们的全面工作与倦怠文化中一个罕见的、始料未及的突破口。

有些政界人士和作家希望一开始就尽快填补上这个缺口，

呼吁迅速结束居家令，去他的公共卫生。“我要说的是，让我们回去工作吧，”得克萨斯州副州长丹·帕特里克（Dan Patrick）在一次电视采访中说，“让我们重回生活。大家聪明点，我们这些 70 多岁的人会照顾好自己，但别牺牲了国家。”[5] 帕特里克的理由似乎是，很少会有年轻的工作者死于病毒，为了经济发展，国家应该接受老年工作者的死亡。他一语道破了美国文化的公理：你存在，首先是为了工作。如果你不事生产，那你健康有什么用？但是，帕特里克似乎说得太过分了。他坚持这样一个残酷而荒谬的观点，只不过表明了它到底有
221 多靠不住。我们整个社会都把健康置于工作之上；我们证明了我们不是只为了工作才存在。

在大多数美国城市进入封锁状态后不久，我在推特上向关注我的人提出了一个看起来像一个禁忌的问题：“有人喜欢这样吗？特别是父母？在这种情况下，你的生活有哪些方面变好了吗？”[6] 来自美国、加拿大和欧洲的三十多名工作者的回答令我惊讶。他们公道地指出，也许“喜欢”一词不太恰当，不过面对现状，他们确实发现了好的一面。凯特琳·凯珀（Caitrin Keiper）住在弗吉尼亚州，是一名杂志编辑和母亲。“我不喜欢森林，”她说，“但我爱我的小树。”其他人使用了“可爱”和“美妙”的字眼。他们不用再通勤。他们陪伴孩子

的时间更多了。他们开始多做运动。我们不一定都要待在办公室，为老板那些有问题的项目忙前忙后。事实一直如此，病毒只是让它变得更明显。大范围的隔离清除了我们以前的常规，把我们最讨厌的同事缩减为 Zoom 上的一个小方块；许多工作者不必再演一些戏，那种表演让他们感觉工作毫无意义。隔离揭示了我们的工作中有多少东西其实是不必要的。

一位父亲有三个年幼的孩子，在华盛顿特区的一家非营利性组织工作，他告诉我，居家办公让他可以与妻子更合理地分担家务劳动，他的妻子也在家里办公。“我再也不用每天花两个半小时通勤了。她也不必一边做饭，一边逗孩子。”他说。由于突然一直居家，他每天都做饭。他们各自从日程安排 222
中腾出时间，主要负责孩子，或者像之前有一天那样，在邻居家门口弹吉他，孩子们可以跟着跳舞和唱歌。平时，这样的奇思妙想也许显得不负责任，甚至是不可能的。

隔离打破了职业工作者通常面临的两难处境：“如饥似渴”地工作还是陪伴他们挚爱的人。[7] 萨默·布洛克（Summer Block）是洛杉矶的一位自由撰稿人，已婚并育有四个孩子，她告诉我，在居家令发布之前，工作、家庭，以及从女童子军、PTA 到伯尼·桑德斯（Bernie Sanders）竞选等一长串志愿者项目搞得她焦头烂额。她说：“现在这一切都取消了。”孩子们的心理治疗和音乐课转为线上进行，所以她不必开车送他们。

“我平常从不觉得自己有足够的时间陪伴孩子，”布洛克说，“我现在终于不会总想着，‘我真希望能多看看他们’。”她甚至还有了一点时间写作。

这些和我对谈的人当然也感到担忧。有几个人直截了当地说，他们更喜欢没有新冠病毒的“正常”生活，而不是为疫情所迫的现状。纽约市的图书编辑布丽娅·桑德福（Bria Sandford）说：“我每天都会抓狂。”但是，常规日程被打破后，她重新发现了闲暇的价值。通勤和办公环境造成的生理压力得以消除，这在很大程度上抵消了隔离的压力。她说：“我去树林散步，吃得很好，水分摄入充足，多年来第一次能做些适度锻炼。”她希望，等疫情结束，她能更经常地居家办公，并保持她称为“祈祷和散步前不看手机”的习惯。

回答我问题的工作者们似乎找到了“甜区”，知道怎么有
223 效利用原本花在通勤上的时间。一项调查显示，疫情期间在家工作的美国人把大约45%的时间用于工作，25%的时间用于照顾孩子或房屋维护，剩下的30%用于休闲。[8] 回答我问题的这些工作者并不具有代表性。其中大多数人都受过良好的教育，工作可以远程进行。他们中没有人说他们有直系亲属感染了病毒。他们能体会到自我隔离的一些积极影响，部分原因在于自身优势——如工作保障、不错的家庭收入或日程安排的自主权——而大多数工作者并不享有这些优势。但是，这正是

为什么他们的经验能够指引我们超越倦怠文化。我们如何才能重塑社会，让所有工作者都能具备这些优势？

这场革命必须要有新的政策，确保工作能配得上工作者的尊严。这同时也是一场道德革命，我们要重视比工作更高的东西，把对工作者的同情放在生产力最大化之前。在隔离期间，甚至当人们还在为彼此的生命担忧时，这场革命就已经拉开了序幕。圣地亚哥一所大学的行政人员艾琳·毕晓普（Erin Bishop）告诉我，她开始居家办公后，全家陷入一片“混乱”，工作和孩子们被迫挤在同一个狭小的空间。不过，她依然设法挤出了片刻闲暇，这在几周前是不可能的事。“我就和我三岁的孩子躺在后院的一张毯子上，说出我们在云中看到了什么形状，”她写道，“那感觉太棒了。”[9]

隔离刚开始的时候，我听了纽约州州长安德鲁·科莫 224
（Andrew Cuomo）的一个采访，谈的是他的州特别是纽约市面临的挑战。在采访的最后，科莫向每一个纽约人发出道德呼吁：“打破你想象力的边界，让你的野心超越自己，因为这不是你自己的事。它关系到我们，关系到集体，关系到整个社会……尽可能多地拯救生命。要有责任感。要有公民意识。与人为善。体贴他人。为彼此着想。”[10]

科莫自己行事也许没有达到他在那次采访中设下的标

准——他在危机期间做出的许多决定后来招致严厉的批评，而且还被众多助手指控有性骚扰行为。但他的这席话鼓舞人心。[11] 他在呼吁人们团结起来。团结是对尊严的相互承认，它激励工作者组织起来，这样才能赢得配得上其价值的工作条件。这场疫情揭示了一种甚至比这更广泛的团结。我们很快得知，我们彼此之间密切关联，程度远比我们通常意识到的更深。这些关联使我们脆弱。从生物学上讲，每个人都可能是冠状病毒的载体。但我们彼此之间的关联不仅仅是生物学的，它们还是经济、社会和道德上的。上文那些专业人士之所以能在疫情期间更合理地安排日常生活，是因为其他人在第一线负重前行。

在美国疫情的最初阶段，伟大的道德口号是“拉平曲线”。重点是减缓感染的速度，以求在任何时候病人的数量都不会超出卫生保健系统的处理能力。尽管医生、护士和技术人
225 员都已经忙到筋疲力尽，但拉平曲线可以给医院工作人员一个攻克疾病的难得机会，能够最大化他们的努力成效。

公众这样关注我们给医务工作者造成的负担，一反美国社会的常态。早在新冠病毒席卷美国之前，按照全球标准衡量，这个国家的病人一直特别苛刻。他们希望医疗工作者富有同情心，而他们自己却很少报以同情，总要求进行昂贵、有风险且往往是不必要的治疗，这对他们的护理人员来说相当于

额外的工作。例如，在偏头痛患者中，美国人因头痛而去急诊室的可能性是英国人的三倍。这意味着美国人更有可能对一些负担最重的工作者太过苛求，不仅占用了医务人员本可以花在其他病人身上的时间，而且——从长远来看，加重工作人员的压力和倦怠感——实际上会削弱他们治疗病人的能力。同时，与其他国家的病人相比，美国人不太会去做常规检查或服用处方药，这意味着小问题不会被及早发现，一旦发展为重病，就需要专业医护人员提供强化治疗，这给他们造成更多压力。[12]

这个问题，一部分在于美国不完整而繁复的医疗保健支付系统，但部分原因也是美国人对工作者普遍缺乏尊重。这两个因素是相关的。医疗保健系统若是更可靠，医务工作者就能以可持续的方式，把工作做到最好。而做一个更有同情心的病人，第一步就是意识到那些我们赖以保持健康的人作为人类也有极限。我无意责备那些不太敢看病就诊的人，或是那些害 226
怕“成为他人负担”的人。不过，确实存在“问题病人”，这种人把大量不必要的劳动堆在别人身上。[13] 根据我的经验，也有“问题学生”。我敢打赌，你在自己的行业里，也可以识别出问题客户和问题同事——他们对职业倦怠的“贡献”比正常人大得多。我们需要一种规范，能彰显这些少数人的要求有多不合理，甚至不道德。为了战胜职业倦怠，帮助他人繁荣发展，我们不仅需要降低自己对工作的期望值，还需要降低对他人工作能够为我们带来什么的期望值。我们在疫情期间展现了这种同情心。我们内在具备同情心。为什么我们不能在“正常”时期也表现出这种精神？

团结是扩展到社会范围的同情心，认识到我们休戚与共。这意味着，我同情你，对我也有好处。当一种传染病侵袭整个社会时，每个人都易受其影响。一个人陷入危险，就会把越来越多的人也置于危险中；而每个人的自我保护——待在家里，公共场合戴口罩——也有助于保护其他人。职业倦怠并不像新冠病毒那样具有传染性，但它确实有两个与病毒性疾病类似的重要特征。首先，每个正在工作的人都是潜在的倦怠患者。其次，我们通过在共享的空间和社会结构中与人互动，患上倦怠。如果我们能够意识到，我们都既是潜在的受害者又是潜在的传播者，就可以重新想象我们的人际互动，改变我们的文化，终结倦怠这种传染病。

倦怠的大学教授很容易责怪学生，更容易责怪行政人员，他们负责管理教师的工作量，发放或扣除奖励。他们是显而易见的目标。我如今在想，当我为教学工作焦头烂额时，行政人
227 员是否也是如此。他们没有给予我觉得我和同事应得的认可，也许是因为他们做不到，就像我不能给我的学生应得的关注。一所大学，就像一家医院、一家五金店或一家餐馆，是一个关

系网络。倦怠遵循一套由明确的规则和不成文的习俗所规定的模式，可以沿着这个网络的各个方向传播。如果我很痛苦，我就更有可能让你也感到痛苦。

我有时会想象，如果一所大学想要抗击职业倦怠，就必须从一场开诚布公的全校会议开始，在会议上，每个人都承认，学校的整套运作方式正在伤害每一个参与者，没有人真正从这个自我毁灭的系统中获益。每个人都将坦白他们如何与这样令人沮丧的现实有牵连：学生、教职员工和行政人员如何导致彼此陷入倦怠，但没有人觉得自己可以承认有什么不对劲，每个人都相信为了实现一些根本不可能的理想，他们必须努力工作。

我愿相信，一所大学，或任何组织，一旦其成员认识到，每个人都身陷同一个困境，就能够着手创建一种全新的工作方式。继而，他们可能会意识到，即使他们都感觉无能为力，但是在一起，他们就是组织本身。正因如此，他们可以重塑其所在的组织。

我们围绕工作建立的意义体系——这个高贵的谎言说，工作是尊严、品德和意义的来源——助长了倦怠文化的延续。疫情隔离并没有瓦解这个系统，但确实引发了对它的质疑。显然，你的就业状况与你作为一个人的价值无关；数千万人一下 228

子失去了工作，并不是因为他们是很差的工作者或坏人。美国联邦政府大幅扩大了失业救济福利，每周向失业者提供600美元的额外补助，不管工作者之前赚了多少钱。这意味着平均失业救济金超过了半数以上失业工作者平时的工资。[14] 这次的救济金似乎朝着足以维持生活的全民基本收入迈进了一步，而且另一个国家，西班牙，在疫情期间确实设立了一种基本收入。[15] 美国的一些保守派政治家和商业领袖甚至提出了反对基本收入计划的论点，即如果失业福利太好，人们也许会选择干脆不工作了。[16] 当抗议者出现在州议会大厦前，要求“重启”经济时，记者萨拉·贾菲（Sarah Jaffe）写道，人们越来越清楚，“没有谁有权利提出这种要求。每个人都应该有权利说不。也许可以称之为‘不工作的权利’”[17]。这与苏纳拉·泰勒的观点相呼应。全民基本收入可能是使这项权利有实际意义的唯一途径。连同对人类尊严的普遍承认一起，它也可能是使工作真正自由的唯一途径——人们从事工作时将满怀信心，就算辞职也不怕挨饿或丢人。

即使病毒从未出现，几百年来以工作为中心的意义体系也很可能会彻底改组，尽管出于另一个非常不同的原因：自动化。具有讽刺意味的是，一些工作——收银员、仓库工人、卡车司机——在疫情期间突然看起来对社会不可或缺，在未来
229 十年内被自动化淘汰的风险却最大。等到2022年出生的孩子

步入中年时，机器将有望能够模仿人类完成每一项任务。[18]的确，我们也许不会真的让机器遍布整个经济体，但我们确实需要承认，巨大的经济压力正在朝这个方向推进。我们所熟知的工作可能会消失。

到目前为止，你可以看出，我认为这一前景令人兴奋。这场疫情尽管让我们付出了巨大代价，却也为一个更人性化的崭新未来开辟了想象空间。难题在于，往往在彻底变革之际，我们不太愿意接受新观念，反而更渴望维持原样，不管它已被证实有多少缺陷。在《激进的希望：文化衰亡危机下的伦理学》（*Radical Hope*：*Ethics in the Face of Cultural Devastation*）中，哲学家乔纳森·李尔（Jonathan Lear）写道，当我们需要最广阔的视野时，社会大众普遍都有的一种脆弱感恰恰局限了我们的视野。当我们的文化受到威胁时，我们会紧紧抓住熟悉的观念，就像那些想要结束隔离，让所有人都回去工作的政客一样。“就好像，”李尔写道，“如果不坚持认为我们的观念是正确的，这套观念本身就可能会崩溃。”[19]

李尔认为，在一个特定的文化体系中取得成功的人“最不具备”为该体系的崩溃找到解决方案的能力。他在思索，“我作为成员，在自己文化的滋养下繁荣发展，是否反倒让我更没有能力面对一个全新未来的挑战”[20]。正是由于这种可能性，我们才需要在文化的边缘地带寻求灵感，寻访那些按现有体制来看不努力、不成功的人。像本笃会或残疾艺术家埃丽卡·梅纳和帕特里夏·诺丁这样的人，都已经在不同程度上克服了工作伦理。他们已经拒绝了高贵的谎言。他们在不同的基础上构筑了人类繁荣的新模式。不是基于工作，而是基于普遍的尊严、对自我和他人的同情，以及在可以自由选择的闲暇中自己探索发现的目标。

230 机器人革命将解决问题的一个重要方面，即工作不能实现我们寄托于它的理想。在许多行业中，理想的工作者看起来越来越像一台机器。机器不需要自主权或隐私；它们没有尊严；它们不属于一个社会，因而不可能与社会格格不入；它们没有道德品质可以被扭曲；它们可以永远重复一套限定行为；它们不渴求超越性，也不担心自己是否满足了人类的真正需求。而且，对企业来说，最有吸引力的一点就是它们不指望有工资。

事实是，我们所熟知的工作不值得保留。也许这是因为工作本身就不是很好。也许我们应该让机器人去工作，并想出一个办法来分配它们的劳动成果。（我承认，这个任务不简单。）然后我们就可以随心所欲地遛狗，每天中午打网球，学习绘画，不停地祈祷，和孩子们一起躺在草地上，盯着天空看上好几个小时。

让机器去倦怠吧。我们有更好的事情要做。

致谢

我要感谢许多朋友、同事和导师，他们在智识、编辑和情感方面的支持帮助我不断完善这本书：贝丝·阿纳尔（Beth Admiraal）、艾比·阿内特（Abbey Arnett）、加勒特·巴尔（Garrett Barr）、丹·克拉斯比（Dan Clasby）、杰森·丹纳（Jason Danner）、芭布·芬纳（Barb Fenner）、马克·芬纳（Mark Fenner）、罗宾·菲尔德（Robin Field）、艾米·弗洛德（Amy Freund）、托尼·格拉索（Tony Grasso）、肯德拉·格林（Kendra Greene）、艾琳·格里尔（Erin Greer）、查尔斯·哈特菲尔德（Charles Hatfield）、安妮莉斯·海因茨（Annelise Heinz）、丹·伊辛（Dan Issing）、法瑞尔·凯利（Farrell Kelly）、科特利·奈特（Kurtley Knight）、卡蒂·克鲁梅克（Katie Krummeck）、文森特·劳埃德（Vincent Lloyd）、汤姆·麦卡曼（Tom Mackaman）、妮可·马雷斯（Nicole Mares）、查尔斯·马什（Charles Marsh）、查克·马修斯（Chuck Mathewes）、珍妮·麦克布莱德（Jenny McBride）、迈克

尔·麦格雷戈（Michael McGregor）、诺琳·奥康纳（Noreen O'Connor）、里根·雷茨玛（Regan Reitsma）、克里斯·斯卡伯勒（Cris Scarboro）、乔尔·舒曼（Joel Shuman）、罗斯·斯隆（Ross Sloan）、杰西·斯特林（Jessie Starling）、惠特尼·斯图尔特（Whitney Stewart）、珍妮·汤普森（Janice Thompson）、布莱恩·提尔（Brian Till））、希利·沃伦（Shilyh Warren），本·赖特（Ben Wright）和威利·杨（Willie Young）。

感谢我的批评伙伴伊丽莎白·巴伯（Elizabeth Barbour）、西尔·克林格勒（Ceal Klingler）、克里斯蒂娜·拉罗科（Christina Larocco）、罗宾·麦克唐纳（Robin Macdonald）、丹妮尔·梅特卡夫-切内尔（Danielle Metcalfe-Chenail）、玛莎·沃尔夫（Martha Wolfe）和沃内塔·杨（Vonetta Young）。在过去的几年里，他们细致地关怀我的工作，极大地改善了这本书以及我的总体写作水平。感谢安妮·格雷·费舍尔（Anne Gray Fischer）和威尔·迈尔斯（Will Myers）愿意这么频繁地阅读和讨论这本书，而且是如此聪明又幽默。

我感谢托马斯·哈根布赫（Thomas Hagenbuch）和艾米莉·祖雷克（Emily Zurek），不仅因为他们多年来与我就工作进行对话，而且他们作为数百名学生的代表，帮助我澄清了对这个问题的思考。

感谢所有与我分享故事的人，包括书中提到和没有提到的人，也感谢荒漠基督教修道院、圣本笃修道院、圣约翰修道院和城市广场。

感谢科利奇维尔研究所（Collegeville Institute）为我举办了两次写作研讨会，感谢国家人文基金会（National Endowment for the Humanities）和路易维尔研究所（Louisville Institute）早期对这个项目的资助。感谢报纸、杂志和期刊的编辑们，他们在这个项目的早期阶段打磨了我的文字，磨砺了我的思想：伊丽莎白·布鲁尼格（Elizabeth Bruenig）、埃文·德卡兹（Evan Derkacz）、艾琳·卡尔比安（Aline Kalbian）、马丁·卡夫卡（Martin Kavka）、瑞安·科尔尼（Ryan Kearney）、劳拉·马什（Laura Marsh）、B. D. 麦克莱（B. D. McClay）、约翰·纳吉（John Nagy）、蒂姆·雷迪（Tim Reidy）、马特·西特曼（Matt Sitman）、杰·托尔森（Jay Tolson）和凯里·韦伯（Kerry Weber）。

感谢迷幻战役乐队（The War on Drugs），他们的专辑《迷失梦中》（*Lost in the Dream*）是我工作的配乐。

感谢加州大学出版社把这本书带给你们。我特别感谢纳奥米·施耐德（Naomi Schneider）在我讨论职业倦怠的文章中看到了这本书，也感谢萨默·法拉（Summer Farah）、特蕾莎·拉芙拉（Teresa Iafolla）、本杰·麦林斯（BenjyMailings）、弗朗西斯科·雷金（Francisco Reinking），以及所有那些我没能直接见到的工作人员的辛苦工作。感谢凯瑟琳·奥斯本（Catherine Osborne）帮我审稿，感谢李香农（Shannon M. T. Li）编制了索引。感谢包括安娜·卡塔琳娜·沙夫纳（Anna Katharina Schaffner）在内的学者们，他们应出版社的邀请，缜密地考察和评论了这本书的底稿。

感谢我的家人一直以来对我的支持：我的母亲卡罗尔（Carol），我的姐妹丽莎（Lisa）和妮可（Nicole），以及我的兄弟杰夫（Jeff）。感谢那些在我写书过程中逝去的人：托尼（Tony）、娜娜（Nana），以及我的父亲乔治（George）。

感谢以下出版物允许我用最初发表在它们版面上的文章：《驯服恶魔》（“Taming the Demon”），载《公益》（*Commonweal*）2019 年 2 月 8 日；《当工作和意义分道扬镳》，载《刺猬评论》（*The Hedgehog Review*）第 20 期第 3 号（2018 年秋）；《职业倦怠不是千禧一代的专利》（“Millennials Don't Have a Monopoly on Burn-out”），载《新共和国》（*The New Republic*）2019 年 1 月 10 日；《想象新冠病毒过后更美好的生活》（“Imagining a Better Life After Coronavirus”），载《新共和国》2020 年 2 月 1 日。

感谢所有我在这里忘记感谢的人。

最重要的是，我感谢阿什莉·巴恩斯（Ashley Barnes）。在我们的共同生活中，职业倦怠不仅是一个思维问题，也是一个生存问题。她每天都在帮助我解决这个难题。没有她，这一切都不可能发生。

注释、索引

（扫码查阅。读者邮箱：tzyypress@ sina. com）

北京市版权局著作权合同登记 图字：01-2024-4341

图书在版编目（CIP）数据

又要上班了：被掏空的打工人，如何摆脱职业倦怠 /（美）乔纳森·马莱西克（Jonathan Malesic）著；康美慧译. -- 北京：中国科学技术出版社，2024. 9.
ISBN 978-7-5236-1036-7

Ⅰ. B849

中国国家版本馆 CIP 数据核字第 2024JF8439 号

执行策划	雅理	**责任编辑**	刘畅
特约编辑	张阳	**策划编辑**	刘畅　宋竹青
版式设计	韩雪	**责任印制**	李晓霖
封面设计	众己·设计		

出　　版	中国科学技术出版社
发　　行	中国科学技术出版社有限公司
地　　址	北京市海淀区中关村南大街 16 号
邮　　编	100081
发行电话	010-62173865
传　　真	010-62173081
网　　址	http://www. cspbooks. com. cn

开　　本	889mm×1194mm 1/32
字　　数	160 千字
印　　张	8. 75
版　　次	2024 年 9 月第 1 版
印　　次	2024 年 9 月第 1 次印刷
印　　刷	大厂回族自治县彩虹印刷有限公司
书　　号	ISBN 978-7-5236-1036-7/B·197
定　　价	65. 00 元